特别重大自然灾害损失统计调查制度

国家防灾减灾救灾委员会办公室
中华人民共和国应急管理部
制定

应急管理出版社
·北　京·

图书在版编目（CIP）数据

特别重大自然灾害损失统计调查制度 / 国家防灾减灾救灾委员会办公室，中华人民共和国应急管理部制定. -- 北京：应急管理出版社，2024

ISBN 978-7-5237-0507-0

Ⅰ.①特… Ⅱ.①国… ②中… Ⅲ.①自然灾害—损失—统计调查—规章制度—中国 Ⅳ.①X43

中国国家版本馆 CIP 数据核字（2024）第 070348 号

特别重大自然灾害损失统计调查制度

制　　定 国家防灾减灾救灾委员会办公室　中华人民共和国应急管理部
责任编辑 罗秀全
编　　辑 房伟奇
责任校对 孔青青
封面设计 安德馨

出版发行 应急管理出版社（北京市朝阳区芍药居 35 号　100029）
电　　话 010-84657898（总编室）　010-84657880（读者服务部）
网　　址 www.cciph.com.cn
印　　刷 天津嘉恒印务有限公司
经　　销 全国新华书店

开　　本 710mm×1000mm 1/16　**印张** 6 1/4　**字数** 76 千字
版　　次 2024 年 4 月第 1 版　2024 年 4 月第 1 次印刷
社内编号 20240327　**定价** 25.00 元

国家防灾减灾救灾委员会办公室　应急管理部
关于印发《自然灾害情况统计调查制度》
《特别重大自然灾害损失统计调查制度》的通知

国防减救办发〔2024〕6号

各省、自治区、直辖市防灾减灾救灾议事协调机构、应急管理厅（局），新疆生产建设兵团减灾委员会、应急管理局：

为及时、准确、客观、全面掌握全国自然灾害情况，科学评估核定特别重大自然灾害损失，为防灾减灾救灾提供决策依据，根据《中华人民共和国统计法》《中华人民共和国突发事件应对法》《自然灾害救助条例》《中华人民共和国统计法实施条例》《国家自然灾害救助应急预案》等有关规定，国家防灾减灾救灾委员会办公室、应急管理部对原《自然灾害情况统计调查制度》《特别重大自然灾害损失统计调查制度》进行了修订，已经国家统计局批准。现印发你们，请遵照执行。

国家防灾减灾救灾委员会办公室　应急管理部

2024年3月16日

特别重大自然灾害损失统计调查制度

国家防灾减灾救灾委员会办公室
中 华 人 民 共 和 国 应 急 管 理 部　制定
国 家 统 计 局　批准

2024 年 3 月

本制度根据《中华人民共和国统计法》《自然灾害救助条例》等法律法规规定制定

《中华人民共和国统计法》第七条规定：国家机关、企业事业单位和其他组织以及个体工商户和个人等统计调查对象，必须依照本法和国家有关规定，真实、准确、完整、及时地提供统计调查所需的资料，不得提供不真实或者不完整的统计资料，不得迟报、拒报统计资料。

《中华人民共和国统计法》第九条规定：统计机构和统计人员对在统计工作中知悉的国家秘密、商业秘密和个人信息，应当予以保密。

《中华人民共和国统计法》第二十五条规定：统计调查中获得的能够识别或者推断单个统计调查对象身份的资料，任何单位和个人不得对外提供、泄露，不得用于统计以外的目的。

《自然灾害救助条例》第十二条规定：县级以上地方人民政府应当加强自然灾害救助人员的队伍建设和业务培训，村民委员会、居民委员会和企业事业单位应当设立专职或者兼职的自然灾害信息员。

《自然灾害救助条例》第十六条规定：自然灾害造成人员伤亡或者较大财产损失的，受灾地区县级人民政府应急管理部门应当立即向本级人民政府和上一级人民政府应急管理部门报告。

自然灾害造成特别重大或者重大人员伤亡、财产损失的，受灾地区县级人民政府应急管理部门应当按照有关法律、行政法规和国务院应急预案规定的程序及时报告，必要时可以直接报告国务院。

《自然灾害救助条例》第十七条规定：灾情稳定前，受灾地区人民政府应急管理部门应当每日逐级上报自然灾害造成的人员伤亡、财产损失和自然灾害救助工作动态等情况，并及时向社会发布。

灾情稳定后，受灾地区县级以上人民政府或者人民政府的自然灾害救助应急综合协调机构应当评估、核定并发布自然灾害损失情况。

目　录

一、总　说　明

（一）调查目的

为建立并规范特别重大自然灾害损失统计内容与指标，全面、及时掌握特别重大自然灾害损失，为国家和地方编制灾区恢复重建规划提供决策依据，根据《中华人民共和国统计法》《中华人民共和国突发事件应对法》《自然灾害救助条例》《中华人民共和国统计法实施条例》《国家自然灾害救助应急预案》等的有关规定，制定本调查制度。

（二）调查对象和统计范围

本制度所称的特别重大自然灾害主要包括洪涝灾害、干旱灾害、台风灾害、风雹灾害、低温冷冻灾害、雪灾、沙尘暴灾害、地震灾害、地质灾害、海洋灾害、森林草原火灾、生物灾害等。本制度中的特别重大自然灾害损失，包括中央（省、市）直属的农场、林场、工业、服务业等的损失，均按照“在地统计”原则填报；解放军和武警部队所属单位等的损失不在统计范围内。

（三）调查内容

1. 本制度的统计调查内容主要包括灾区人员受灾情况、城乡居民住房和家庭财产损失、农业损失、工业损失、服务业损失、基础设施损失、公共服务损失、资源与环境损失等。统计内容包括毁损实物量和经济损失，其中，人员、文化遗产、资源与环境等受灾情况只统计数量，不统计经济损失。本制度中报表未涉及的其他需要填报的损失，可增加补充资料并作出详细说明。

2. 本制度中的经济损失均为直接经济损失，因灾造成的抢险救援费用、停工停产等间接经济损失、生态系统受灾造成的损失和恢复重建费用等不计入直接经济损失。直接经济损失均按照统计对象的重置价格核算，重置价格为采用与受损统计对象相同的材料、建筑或者制造标准、设计、规格及技术等，以现时价格水平重新购建与受损统计对象相同的全新实物所需花费的材料和人工等成本价格，不考虑地价因素。

（四）调查方法

本制度调查方法为全面调查。

（五）组织实施

1. 发生启动国家自然灾害救助一级应急响应的特别重大自然灾害，或者党中央、国务院决定开展灾害损失综合评估时，启用本制度。

2. 灾区省级政府负责组织本制度中各报表的填报工作，各级有关部门负责填报审核相关报表，省级应急管理部门负责汇总，并以省级政府或者防灾减灾救灾议事协调机构名义报送应急管理部。应急管理部负责报表的汇总工作，向党中央、国务院报送灾害损失情况。

3. 本制度原则上以县级行政区为统计单位。根据需要，人员受灾、房屋受损、农业损失等情况可以乡（镇、街道）为统计单位。县级政府为基本上报单位，地（市）级、省级政府为审核与上报单位。

4. 地方各级政府应当按照《中华人民共和国统计法》和本制度有关的统计报表格式、指标设置、统计口径等规定进行调查统计，组织有关部门会商核定统计数据，不得迟报、谎报、瞒报、漏报，不得伪造和篡改。

（六）报送要求

统计报送分为初报、核报两个阶段。

1. 初报。

（1）特别重大自然灾害损失统计调查启动后，受灾地区省级政府原则上应当在5日内完成初报工作。其中，县级政府在特别重大自然灾害损失统计调查启动后3日内将本行政区域灾害损失（含分乡镇数据）报送至地（市）级政府；地（市）级政府在接到县级损失统计资料后1日内审核、汇总数据，并将本行政区域汇总数据（含分县、分乡镇数据）向省级政府报告；省级政府在接到地（市）级损失统计资料后1日内审核、汇总数据，并将本行政区域汇总数据（含分地市、分县、分乡镇数据）向应急管理部报告。省直辖县级行政区可参照上述时限要求，将本级损失的调查统计资料报送至省级政府。

（2）初报阶段，灾区各级政府应当按照本制度的规定，组织各行业（系统）综合运用全面调查、重点调查、抽样调查等方法，开展损失统计工作。

2. 核报。

（1）初报阶段结束次日即进入核报阶段。

（2）灾区省级政府原则上应当在20日内完成核报工作。其中，县级政府在核报阶段开始后10日内完成本级损失（含分乡镇数据）的核定并报送至地（市）级政府；地（市）级政府在接到县级损失核定资料后5日内审核、汇总数据，并将本行政区域核定汇总数据（含分县、分乡镇数据）向省级政府报告；省级政府在接到地（市）级损失核定资料后5日内审核、汇总数据，并将本行政区域核定汇总数据（含分地市、分县、分乡镇数据）向应急管理部报告。省直辖县级行政区可参照上述时限要求，将本级损失的核定资料报送至省级政府。

（3）核报阶段，灾区各级政府应当按照本制度的规定，组织各行业（系统）综合运用调查、多部门会商、综合评估等方法，开展损失核定工作。

（七）统计资料公布与统计信息共享

应急管理部根据党中央、国务院关于特别重大自然灾害损失综合评估工作的统一部署安排，视情向有关部门公布和共享核定后的灾害损失情况，共享责任单位为救灾和物资保障司，共享责任人为救灾和物资保障司主管灾情统计工作的负责人。

（八）质量控制

按照《中华人民共和国统计法》的要求，为保障源头数据质量，做到数出有据，调查单位应当设置原始记录、统计台账，建立健全统计资料的审核、签署、交接和归档等管理制度。

（九）使用名录库情况

本调查制度使用国家基本单位名录库。

二、报　表　目　录

（续）

表号	表　名	报告期别	统计范围	报送单位	报送日期及方式	页码
G07	基础设施（地质灾害防治设施）损失统计表	实时报送（初报、核报）	乡（镇、街道）	县级以上人民政府	特别重大自然灾害损失统计调查启动后5日内完成初报，初报结束后20日内完成核报	51
H01	公共服务（教育系统）损失统计表					53
H02	公共服务（科技系统）损失统计表					55
H03	公共服务（医疗卫生系统）损失统计表					58
H04	公共服务（文化系统）损失统计表					60
H05	公共服务（广播电视系统）损失统计表					62
H06	公共服务（新闻出版系统）损失统计表					64
H07	公共服务（体育）损失统计表					66
H08	公共服务（社会保障与社会服务系统）损失统计表					69
H09	公共服务（公安系统和国家综合性消防救援队伍）损失统计表					72
H10	公共服务（社会管理系统）损失统计表					74
H11	公共服务（文化遗产）损失统计表					76
I01	资源与环境损失统计表					77
J01	基础指标统计表					79

三、调 查 表 式

（一）经济损失统计汇总表

________省（自治区、直辖市）
________市（自治州、盟、地区）
________县（市、区、自治县、旗、自治旗、特区、林区）
行政区划代码：
填报单位（盖章）：　　　　20　年　月

表　　号：Z01
制定机关：国家防灾减灾救灾委员会办公室、应急管理部
批准机关：国家统计局
批准文号：国统制〔2024〕82号
有效期至：2027年3月

指　标　名　称	计量单位	代码	数量
甲	乙	丙	1
农村居民住宅用房经济损失	万元	Z01001	
城镇居民住宅用房经济损失	万元	Z01002	
居民家庭财产经济损失	万元	Z01003	
农林牧渔业经济损失	万元	Z01004	
工业经济损失	万元	Z01005	
服务业经济损失	万元	Z01006	
基础设施（交通运输）经济损失	万元	Z01007	
基础设施（通信）经济损失	万元	Z01008	
基础设施（能源）经济损失	万元	Z01009	
基础设施（水利）经济损失	万元	Z01010	
基础设施（市政）经济损失	万元	Z01011	
基础设施（农村地区生活设施）经济损失	万元	Z01012	
基础设施（地质灾害防治设施）经济损失	万元	Z01013	

（续）

指　标　名　称	计量单位	代码	数量
甲	乙	丙	1
公共服务（教育系统）经济损失	万元	Z01014	
公共服务（科技系统）经济损失	万元	Z01015	
公共服务（医疗卫生系统）经济损失	万元	Z01016	
公共服务（文化系统）经济损失	万元	Z01017	
公共服务（广播电视系统）经济损失	万元	Z01018	
公共服务（新闻出版系统）经济损失	万元	Z01019	
公共服务（体育）经济损失	万元	Z01020	
公共服务（社会保障与社会服务系统）经济损失	万元	Z01021	
公共服务（公安系统和国家综合性消防救援队伍）经济损失	万元	Z01022	
公共服务（社会管理系统）经济损失	万元	Z01023	
经济损失合计	万元	Z01024	

单位负责人：　　　　　　　填表人：　　　　　　　报出日期：　　年　月　日

填报说明：

本表适用于灾区直接经济损失的统计汇总。

逻辑关系：

1. Z01001 = B01055；Z01002 = B02073；Z01003 = C01011；Z01004 = D01042；Z01005 = E01015；Z01006 = F01026；Z01007 = G01100；Z01008 = G02012；Z01009 = G03041；Z01010 = G04024；Z01011 = G05042；Z01012 = G06011；Z01013 = G07017；Z01014 = H01015；Z01015 = H02034；Z01016 = H03014；Z01017 = H04016；Z01018 = H05014；Z01019 = H06008；Z01020 = H07022；Z01021 = H08037；Z01022 = H09025；Z01023 = H10010。

2. Z01024 = Z01001 + Z01002 + Z01003 + Z01004 + Z01005 + Z01006 + Z01007 + Z01008 + Z01009 + Z01010 + Z01011 + Z01012 + Z01013 + Z01014 + Z01015 + Z01016 + Z01017 + Z01018 + Z01019 + Z01020 + Z01021 + Z01022 + Z01023。

（二）人员受灾情况统计表

________省（自治区、直辖市）
________市（自治州、盟、地区）
________县（市、区、自治县、旗、自治旗、特区、林区）
行政区划代码：
填报单位（盖章）：　　　　20　年　月

表　　号：A01
制定机关：国家防灾减灾救灾委员会办公室、应急管理部
批准机关：国家统计局
批准文号：国统制〔2024〕82 号
有效期至：2027 年 3 月

指　标　名　称	计量单位	代码	数量
甲	乙	丙	1
受灾人口	人	A01001	
因灾死亡人口	人	A01002	
因灾失踪人口	人	A01003	
因灾受伤人口	人	A01004	
其中：因灾重伤人口	人	A01005	
饮水困难人口	人	A01006	
紧急转移安置人口	人	A01007	
其中：集中安置人口	人	A01008	
分散安置人口	人	A01009	
需紧急生活救助人口	人	A01010	
需过渡期生活救助人口	人	A01011	
其中：女性	人	A01012	
老人（60 岁及以上）	人	A01013	
儿童（18 岁以下）	人	A01014	
三无人员	人	A01015	
三孤人员	人	A01016	

单位负责人：　　　　填表人：　　　　报出日期：　　年　月　日

填报说明：

1. 本表适用于灾区人员受灾情况统计。

2. 本表含灾害发生时受灾行政区域内的常住人口和非常住人口。

3. 常住人口：指实际经常居住在某地区半年以上的人口。主要包括三种类型：①居住在本乡（镇、街道）且户口在本乡（镇、街道）或者尚未办理常住户口的人；②居住在本乡（镇、街道）且离开户口登记地所在乡（镇、街道）半年以上的人；③户口在本乡（镇、街道）且外出不满半年或者在境外工作学习的人。非常住人口：指自然灾害发生时在受灾地，但不属于常住人口的人。

主要指标说明：

1. 受灾人口：指因自然灾害直接造成伤亡失踪、房屋倒损、财产损失、转移安置、需生活救助，以及生产生活遭受损失或者影响的人员数量（含非常住人口）。

2. 因灾死亡人口：指以自然灾害为直接原因导致死亡，以及因灾受重伤 7 日内经抢救或者重症监护救治无效死亡的人员数量（含非常住人口）。对于救援救灾过程中因自然灾害导致牺牲（殉职）的工作人员，应当一并统计在内。

3. 因灾失踪人口：指以自然灾害为直接原因导致下落不明，暂时无法确认死亡的人员数量（含非常住人口）。对于救援救灾过程中因自然灾害导致失踪的工作人员，应当一并统计在内。

4. 因灾受伤人口：指以自然灾害为直接原因导致肢体伤残或者某些器官功能性或者器质性损伤的人员数量（含非常住人口）。其中，重伤指因灾造成人肢体残废、容貌毁损、丧失听觉、丧失视觉、丧失其他器官功能或者其他对于人身健康有重大伤害的损伤。对于救援救灾过程中因自然灾害导致受伤的工作人员，应当一并统计在内。

5. 紧急转移安置人口：指遭受自然灾害影响，不能在现有住房中居住，需由政府进行转移安置（包括集中安置和分散安置）并给予临时生活救助，保障食品、饮用水、临时住所等基本生活的人员数量（含非常住人口）。包括：因自然灾害造成房屋倒塌或者严重损坏（含应急期间未经安全鉴定不能居住的其他损房），造成无房可住的人员；蓄滞洪区运用转移人员；遭受自然灾害影响，由低洼易涝区、山洪灾害威胁区、地质灾害隐患点等危险区域转移至安全区域，短期内（一般超过 2 日）不能返回家中居住的人员。通常情况下，在同一时刻紧急转移安置人口、需紧急生活救助人口不存在交集。

6. 集中安置人口：指由政府直接组织并安置在学校、体育场馆、村（居）委会、宾馆、搭建的帐篷区等指定场所，并提供饮食等基本生活保障的人员数量（含非常住人口）。

7. 分散安置人口：指不是由政府直接安置，而是在政府帮助指导下通过投亲靠友、借住租住房屋等方式分散安置的人员数量（含非常住人口）。

8. 需紧急生活救助人口：指遭受自然灾害后，住房未受到严重破坏、不需要转移安置，但因灾造成当前正常生活面临困难，需要给予临时生活救助的人员数量（含非常住人口）。主要包括以下 5 种情形：①因灾造成口粮、衣被和日常生活必需用品毁坏、灭失或者短缺，当前正常生活面临困难；②因灾造成在收作物（例如将要或者正在收获并出售，且作为当前口粮或者经济来源的粮食、蔬菜瓜果等作物，以及养殖水产等）严重受损，或者作为主要经济来源的牲畜、家禽等因灾死亡，导致收入锐减，当前正常生活面临困难；③因灾造成交通中断导致人员滞留或者被困，无法购买或者加工口粮、饮用水、衣被等，造成生活必需用品短缺；④因灾导致伤病需进行紧急救治；⑤因灾造成用水困难（人均用水量连续3天低于35升），需政府进行救助（干旱灾害除外）。

9. 需过渡期生活救助人口：指因自然灾害造成房屋倒塌或者严重损坏需恢复重建、无房可住；因次生灾害威胁在外安置无法返家；因灾损失严重、缺少生活来源，需政府在应急救助阶段后一段时间内，帮助解决基本生活困难的人员数量（含非常住人口）。

逻辑关系：

1. A01001≥A01002；A01001≥A01003；A01001≥A01004；A01001≥A01006；A01001≥A01007；A01001≥A01010。

2. A01007 = A01008 + A01009。

3. A01004≥A01005；A01010≥A01011；A01011≥A01012；A01011≥A01013；A01011≥A01014；A01011≥A01015；A01011≥A01016。

（三）农村居民住房受损情况统计表

________省（自治区、直辖市）
________市（自治州、盟、地区）
________县（市、区、自治县、旗、自治旗、特区、林区）
行政区划代码：
填报单位（盖章）：　　　　　20　年　月

表　　号：B01
制定机关：国家防灾减灾救灾委员会办公室、应急管理部
批准机关：国家统计局
批准文号：国统制〔2024〕82号
有效期至：2027年3月

指　标　名　称	计量单位	代码	数量
甲	乙	丙	1
一、倒塌住房	—	—	
钢结构户数	户	B01001	
钢结构间数	间	B01002	
钢结构经济损失	万元	B01003	
钢筋混凝土结构户数	户	B01004	
钢筋混凝土结构间数	间	B01005	
钢筋混凝土结构经济损失	万元	B01006	
砌体结构户数	户	B01007	
砌体结构间数	间	B01008	
砌体结构经济损失	万元	B01009	
木（竹）结构户数	户	B01010	
木（竹）结构间数	间	B01011	
木（竹）结构经济损失	万元	B01012	
其他结构户数	户	B01013	
其他结构间数	间	B01014	
其他结构经济损失	万元	B01015	
倒塌住房总户数	户	B01016	
倒塌住房总间数	间	B01017	
倒塌住房经济损失小计	万元	B01018	

（续）

指　标　名　称	计量单位	代码	数量
甲	乙	丙	1
二、严重损坏住房	—	—	
钢结构户数	户	B01019	
钢结构间数	间	B01020	
钢结构经济损失	万元	B01021	
钢筋混凝土结构户数	户	B01022	
钢筋混凝土结构间数	间	B01023	
钢筋混凝土结构经济损失	万元	B01024	
砌体结构户数	户	B01025	
砌体结构间数	间	B01026	
砌体结构经济损失	万元	B01027	
木（竹）结构户数	户	B01028	
木（竹）结构间数	间	B01029	
木（竹）结构经济损失	万元	B01030	
其他结构户数	户	B01031	
其他结构间数	间	B01032	
其他结构经济损失	万元	B01033	
严重损坏住房总户数	户	B01034	
严重损坏住房总间数	间	B01035	
严重损坏住房经济损失小计	万元	B01036	
三、一般损坏住房	—	—	
钢结构户数	户	B01037	
钢结构间数	间	B01038	
钢结构经济损失	万元	B01039	
钢筋混凝土结构户数	户	B01040	
钢筋混凝土结构间数	间	B01041	

(续)

指　标　名　称	计量单位	代码	数量
甲	乙	丙	1
钢筋混凝土结构经济损失	万元	B01042	
砌体结构户数	户	B01043	
砌体结构间数	间	B01044	
砌体结构经济损失	万元	B01045	
木（竹）结构户数	户	B01046	
木（竹）结构间数	间	B01047	
木（竹）结构经济损失	万元	B01048	
其他结构户数	户	B01049	
其他结构间数	间	B01050	
其他结构经济损失	万元	B01051	
一般损坏住房总户数	户	B01052	
一般损坏住房总间数	间	B01053	
一般损坏住房经济损失小计	万元	B01054	
四、农村居民住房经济损失合计	万元	B01055	

单位负责人：　　　　　　　填表人：　　　　　　　报出日期：　　年　月　日

填报说明：

1. 本表适用于农村居民住房受损情况统计。

2. 城镇包括城区和镇区。城区是指在市辖区和不设区的市，区、市政府驻地的实际建设连接到的居民委员会和其他区域；镇区是指在城区以外的县人民政府驻地和其他镇，政府驻地的实际建设连接到的居民委员会和其他区域。与政府驻地的实际建设不连接，且常住人口在3000人以上的独立的工矿区、开发区、科研单位、大专院校等特殊区域及农场、林场的场部驻地视为镇区。农村是指城镇以外的区域。

3. 本表含在农村地区的各行业、系统的职工住房，以及在建农村居民住房。

主要指标说明：

1. 倒塌房屋：指因灾导致房屋整体结构塌落，或者承重构件多数倾倒，必须进行重建的房屋；以及因灾遭受严重损坏，无法修复的牧区帐篷。

房屋包括住宅房屋（农村居民住房、城镇居民住房）和非住宅房屋（商业、办公、工业、公共服务等用途房屋），不含独立的厨房、牲畜棚等辅助用房，以及活动房、工棚、简易房等临时房屋。以具有完整、独立承重结构的房屋整体为基本判定单元（一般含多间房屋），以自然间为计算单位；牧区帐篷每顶按3间计算；住房面积按建筑面积计算，只知道使用面积的，可用以下公式换算：使用面积÷0.7=建筑面积；针对特定应用需求，可以参考建筑面积30平方米/间的标准进行间数折算。下同。

房屋结构类型包括：钢结构、钢筋混凝土结构、砌体结构（砖混结构、砖木结构和底部框架-抗震墙砌体结构）、木（竹）结构、其他结构（土木/石木结构、混杂结构、窑洞和其他上述未包括的结构类型）。不同结构类型的房屋，其承重结构主要包括以下部位：①钢结构，主要承重结构包括梁、柱、桁架。②钢筋混凝土结构，主要承重结构包括梁、板、柱。③砖混结构，竖向承重结构包括承重墙、柱，水平承重构件包括楼板、大梁、过梁、屋面板或者木屋架；砖木结构，竖向承重结构包括承重墙、柱，水平承重构件包括楼板、屋架（木结构）；底部框架-抗震墙砌体结构，下部承重结构包括底部框架、抗震墙、墙梁等，上部承重结构包括承重墙、柱、楼板、梁、屋面板等。④木（竹）结构主要承重结构为柱、梁、屋架。⑤其他结构，土木/石木结构主要承重结构为土/石墙、木屋架，窑洞的主要承重结构为墙体、拱顶。

2. 严重损坏房屋：指因灾导致房屋多数承重构件严重破坏或者部分倒塌，需采取排险措施、大修或者局部拆除，无维修价值的房屋；以及因灾遭受严重损坏，需进行较大规模修复的牧区帐篷。

严重损坏房屋主要表现为：地基基础尚保持稳定，基础多数构件损坏，承重墙、柱有明显歪闪或者局部倒塌，少数或者部分承重墙面、承重柱体损坏（酥碎、明显裂缝等），楼、屋盖大多数承重构件损坏，多数非承重构件损坏。其中，“大多数”可参照“＞2/3”，“多数”可参照“＞1/2”，“部分”可参照“1/3～1/2”，“少数”可参照“1/10～1/3”，下同。

3. 一般损坏房屋：指因灾导致房屋多数承重构件轻微裂缝，部分明显裂缝；个别非承重构件严重破坏；需进行修理，采取安全措施后可继续使用的房屋；以及因灾遭受损坏，需进行一般修理，采取安全措施后可继续使用的牧区帐篷。

一般损坏房屋主要表现为：地基基础基本保持稳定，基础少数构件损坏，楼、屋盖部分承重构件损坏，部分非承重构件损坏。

对于一户同时具有两种及以上倒塌损坏情况的，按照较重的倒损类型填报户数，不得重复统计。例如，某户同时有倒塌住房和一般损坏住房，则统计户数时只统计在倒塌住房户数一栏，在一般损坏住房的户数中不作统计；倒塌住房的间数统计在倒塌住房一栏，一般损坏住房的间数统计在一般损坏住房一栏。

4. 户数：以户籍登记户数为准。

逻辑关系：

1. B01016=B01001+B01004+B01007+B01010+B01013；B01017=B01002+B01005+B01008+B01011+B01014；B01018=B01003+B01006+B01009+B01012+B01015。

2. B01034=B01019+B01022+B01025+B01028+B01031；B01035=B01020+B01023+B01026+B01029+B01032；B01036=B01021+B01024+B01027+B01030+B01033。

3. B01052 = B01037 + B01040 + B01043 + B01046 + B01049；B01053 = B01038 + B01041 + B01044 + B01047 + B01050；B01054 = B01039 + B01042 + B01045 + B01048 + B01051。

4. B01055 = B01018 + B01036 + B01054。

（四）城镇居民住房受损情况统计表

________省（自治区、直辖市）
________市（自治州、盟、地区）
________县（市、区、自治县、旗、自治旗、特区、林区）
行政区划代码：
填报单位（盖章）：　　　　20　年　月

表　　号：B02
制定机关：国家防灾减灾救灾委员会办公室、应急管理部
批准机关：国家统计局
批准文号：国统制〔2024〕82号
有效期至：2027年3月

指　标　名　称	计量单位	代码	数量
甲	乙	丙	1
一、倒塌住房	—	—	
钢结构户数	户	B02001	
钢结构间数	间	B02002	
钢结构面积	平方米	B02003	
钢结构经济损失	万元	B02004	
钢筋混凝土结构户数	户	B02005	
钢筋混凝土结构间数	间	B02006	
钢筋混凝土结构面积	平方米	B02007	
钢筋混凝土结构经济损失	万元	B02008	
砌体结构户数	户	B02009	
砌体结构间数	间	B02010	
砌体结构面积	平方米	B02011	
砌体结构经济损失	万元	B02012	
木（竹）结构户数	户	B02013	
木（竹）结构间数	间	B02014	
木（竹）结构面积	平方米	B02015	
木（竹）结构经济损失	万元	B02016	
其他结构户数	户	B02017	
其他结构间数	间	B02018	

（续）

指　标　名　称	计量单位	代码	数量
甲	乙	丙	1
其他结构面积	平方米	B02019	
其他结构经济损失	万元	B02020	
倒塌住房总户数	户	B02021	
倒塌住房总间数	间	B02022	
倒塌住房总面积	平方米	B02023	
倒塌住房经济损失小计	万元	B02024	
二、严重损坏住房	—	—	
钢结构户数	户	B02025	
钢结构间数	间	B02026	
钢结构面积	平方米	B02027	
钢结构经济损失	万元	B02028	
钢筋混凝土结构户数	户	B02029	
钢筋混凝土结构间数	间	B02030	
钢筋混凝土结构面积	平方米	B02031	
钢筋混凝土结构经济损失	万元	B02032	
砌体结构户数	户	B02033	
砌体结构间数	间	B02034	
砌体结构面积	平方米	B02035	
砌体结构经济损失	万元	B02036	
木（竹）结构户数	户	B02037	
木（竹）结构间数	间	B02038	
木（竹）结构面积	平方米	B02039	
木（竹）结构经济损失	万元	B02040	
其他结构户数	户	B02041	
其他结构间数	间	B02042	

（续）

指　标　名　称	计量单位	代码	数量
甲	乙	丙	1
其他结构面积	平方米	B02043	
其他结构经济损失	万元	B02044	
严重损坏住房总户数	户	B02045	
严重损坏住房总间数	间	B02046	
严重损坏住房总面积	平方米	B02047	
严重损坏住房经济损失小计	万元	B02048	
三、一般损坏住房	—	—	
钢结构户数	户	B02049	
钢结构间数	间	B02050	
钢结构面积	平方米	B02051	
钢结构经济损失	万元	B02052	
钢筋混凝土结构户数	户	B02053	
钢筋混凝土结构间数	间	B02054	
钢筋混凝土结构面积	平方米	B02055	
钢筋混凝土结构经济损失	万元	B02056	
砌体结构户数	户	B02057	
砌体结构间数	间	B02058	
砌体结构面积	平方米	B02059	
砌体结构经济损失	万元	B02060	
木（竹）结构户数	户	B02061	
木（竹）结构间数	间	B02062	
木（竹）结构面积	平方米	B02063	
木（竹）结构经济损失	万元	B02064	
其他结构户数	户	B02065	
其他结构间数	间	B02066	

（续）

指　标　名　称	计量单位	代码	数量
甲	乙	丙	1
其他结构面积	平方米	B02067	
其他结构经济损失	万元	B02068	
一般损坏住房总户数	户	B02069	
一般损坏住房总间数	间	B02070	
一般损坏住房总面积	平方米	B02071	
一般损坏住房经济损失小计	万元	B02072	
四、城镇居民住房经济损失合计	万元	B02073	

单位负责人：　　　　　　填表人：　　　　　　报出日期：　　年　月　日

填报说明：

1. 本表适用于城镇居民住房受损情况统计。

2. 城镇包括城区和镇区。城区是指在市辖区和不设区的市，区、市政府驻地的实际建设连接到的居民委员会和其他区域；镇区是指在城区以外的县人民政府驻地和其他镇，政府驻地的实际建设连接到的居民委员会和其他区域。与政府驻地的实际建设不连接，且常住人口在 3000 人以上的独立的工矿区、开发区、科研单位、大专院校等特殊区域及农场、林场的场部驻地视为镇区。

3. 本表含在城镇地区的各行业、系统的职工住房，以及在建城镇居民住房。

主要指标说明：

1. 倒塌房屋：指因灾导致房屋整体结构塌落，或者承重构件多数倾倒，必须进行重建的房屋；以及因灾遭受严重损坏，无法修复的牧区帐篷。

房屋包括住宅房屋（农村居民住房、城镇居民住房）和非住宅房屋（商业、办公、工业、公共服务等用途房屋），不含独立的厨房、牲畜棚等辅助用房，以及活动房、工棚、简易房等临时房屋。以具有完整、独立承重结构的房屋整体为基本判定单元（一般含多间房屋），以自然间为计算单位；牧区帐篷每顶按 3 间计算；住房面积按建筑面积计算，只知道使用面积的，可用以下公式换算：使用面积 ÷ 0.7 = 建筑面积；针对特定应用需求，可以参考建筑面积 30 平方米/间的标准进行间数折算。下同。

房屋结构类型包括：钢结构、钢筋混凝土结构、砌体结构（砖混结构、砖木结构和底部框架 - 抗震墙砌体结构）、木（竹）结构、其他结构（土木/石木结构、混杂结构、窑洞和其他上述未包括的结构类型）。不同结构类型的房屋，其承重结构主要包括以下部位：①钢结构，主要承重结构包括梁、柱、桁架。②钢筋混凝土结构，主要承重结构包括梁、板、柱。③砖混结构，竖向承重结构包括承重墙、柱，水平承重构件包括楼板、大梁、过梁、屋面板或者木屋架；砖木结构，竖向承重结构包括承重墙、柱，水平承重构件包括楼板、屋架（木结构）；底部框架－抗震墙砌体结构，下部承重结构包括底部框架、抗震墙、墙梁等，上部承重结构包括承重墙、柱、楼板、梁、屋面板等。④木（竹）结构主要承重结构为柱、梁、屋架。⑤其他结构，土木/石木结构主要承重结构为土/石墙、木屋架，窑洞的主要承重结构为墙体、拱顶。

2. 严重损坏房屋：指因灾导致房屋多数承重构件严重破坏或者部分倒塌，需采取排险措施、大修或者局部拆除，无维修价值的房屋；以及因灾遭受严重损坏，需进行较大规模修复的牧区帐篷。

严重损坏房屋主要表现为：地基基础尚保持稳定，基础多数构件损坏，承重墙、柱有明显歪闪或者局部倒塌，少数或者部分承重墙面、承重柱体损坏（酥碎、明显裂缝等），楼、屋盖大多数承重构件损坏，多数非承重构件损坏。其中，“大多数”可参照“＞2/3”，“多数”可参照“＞1/2”，“部分”可参照“1/3～1/2”，“少数”可参照“1/10～1/3”。下同。

3. 一般损坏房屋：指因灾导致房屋多数承重构件轻微裂缝，部分明显裂缝；个别非承重构件严重破坏；需进行修理，采取安全措施后可继续使用的房屋；以及因灾遭受损坏，需进行一般修理，采取安全措施后可继续使用的牧区帐篷。

一般损坏房屋主要表现为：地基基础基本保持稳定，基础少数构件损坏，楼、屋盖部分承重构件损坏，部分非承重构件损坏。

对于一户同时具有两种及以上倒塌损坏情况的，按照较重的倒损类型填报户数，不得重复统计。例如，某户同时有倒塌住房和一般损坏住房，则统计户数时只统计在倒塌住房户数一栏，在一般损坏住房的户数中不作统计；倒塌住房的间数统计在倒塌住房一栏，一般损坏住房的间数统计在一般损坏住房一栏。

4. 户数：以户籍登记户数为准。

逻辑关系：

1. B02021 = B02001 + B02005 + B02009 + B02013 + B02017；B02022 = B02002 + B02006 + B02010 + B02014 + B02018；B02023 = B02003 + B02007 + B02011 + B02015 + B02019；B02024 = B02004 + B02008 + B02012 + B02016 + B02020。

2. B02045 = B02025 + B02029 + B02033 + B02037 + B02041；B02046 = B02026 + B02030 + B02034 + B02038 + B02042；B02047 = B02027 + B02031 + B02035 + B02039 + B02043；B02048 = B02028 + B02032 + B02036 + B02040 + B02044。

3. B02069 = B02049 + B02053 + B02057 + B02061 + B02065；B02070 = B02050 + B02054 + B02058 + B02062 + B02066；B02071 = B02051 + B02055 + B02059 + B02063 + B02067；B02072 = B02052 + B02056 + B02060 + B02064 + B02068。

4. B02073 = B02024 + B02048 + B02072。

（五）居民家庭财产损失统计表

________省（自治区、直辖市）
________市（自治州、盟、地区）
________县（市、区、自治县、旗、自治旗、特区、林区）
行政区划代码：
填报单位（盖章）：　　　　20　年　月

表　　号：C01
制定机关：国家防灾减灾救灾委员会办公室、应急管理部
批准机关：国家统计局
批准文号：国统制〔2024〕82号
有效期至：2027年3月

指标名称	计量单位	代码	数量
甲	乙	丙	1
一、农村居民家庭财产	—	—	
受灾家庭户数	户	C01001	
受损生产性固定资产经济损失	万元	C01002	
受损家庭耐用消费品经济损失	万元	C01003	
受损其他财产损失	万元	C01004	
农村家庭财产损失小计	万元	C01005	
二、城镇居民家庭财产	—	—	
受灾家庭户数	户	C01006	
受损生产性固定资产经济损失	万元	C01007	
受损家庭耐用消费品经济损失	万元	C01008	
受损其他财产损失	万元	C01009	
城镇家庭财产损失小计	万元	C01010	
三、居民家庭财产损失合计	万元	C01011	

单位负责人：　　　　填表人：　　　　报出日期：　　年　月　日

填报说明：

1. 本表适用于农村和城镇居民家庭财产损失的统计。

2. 城镇包括城区和镇区。城区是指在市辖区和不设区的市，区、市政府驻地的实际建设连接到的居民委员会和其他区域；镇区是指在城区以外的县人民政府驻地和其他镇，政府驻地的实际建设连接到的居民委员会和其他区域。与政府驻地的实际建设不连接，且常住人口在3000人以上的独立的工矿区、开发区、科研单位、大专院校等特殊区域及农场、林场

的场部驻地视为镇区。农村是城镇以外的区域。

3. 本表不含住房、土地损失，其中，住房损失分别计入《农村居民住房受损情况统计表》和《城镇居民住房受损情况统计表》，土地损失计入《资源与环境损失统计表》。文物（如书画、古玩）等因难以准确衡量实际价值，不作统计；个人贵重物品（如金银首饰等）因难以准确确定数量，不作统计；宠物、金融资产等也不作统计。生产性固定资产中农业机械等若只作家庭自用时，计入本表；若用于经营盈利，则计入《农业损失统计表》农业机械损失中。

主要指标说明：

1. 生产性固定资产：生产过程中使用年限较长、单位价值较高，并在使用过程中保持原有物质形态的资产。

2. 家庭耐用消费品：使用寿命较长，一般可多次使用并且用于生活消费的物品。主要统计家具、家电、家庭用车等。

3. 其他财产：包括家庭装修、室内装饰等。

逻辑关系：

1. C01005 = C01002 + C01003 + C01004。

2. C01010 = C01007 + C01008 + C01009。

3. C01011 = C01005 + C01010。

（六）农林牧渔业损失统计表

________省（自治区、直辖市）	表　　号：D01
________市（自治州、盟、地区）	制定机关：国家防灾减灾救灾委员会办公室、应急管理部
________县（市、区、自治县、旗、自治旗、特区、林区）	批准机关：国家统计局
行政区划代码：	批准文号：国统制〔2024〕82号
填报单位（盖章）：　　　　20　年　月	有效期至：2027年3月

指　标　名　称	计量单位	代码	数量
甲	乙	丙	1
一、农业	—	—	
农作物受灾面积	公顷	D01001	
农作物成灾面积	公顷	D01002	
农作物绝收面积	公顷	D01003	
农作物经济损失	万元	D01004	
受损农业生产大棚面积	公顷	D01005	
受损农业生产大棚经济损失	万元	D01006	
农业经济损失小计	万元	D01007	
二、林业	—	—	
森林草原受灾面积	公顷	D01008	
受损林木蓄积量	万立方米	D01009	
森林经济损失	万元	D01010	
灌木林地和疏林地受灾面积	公顷	D01011	
灌木林地和疏林地经济损失	万元	D01012	
未成林造林地受灾面积	公顷	D01013	
未成林造林地经济损失	万元	D01014	
苗圃良种受灾面积	公顷	D01015	
苗圃良种经济损失	万元	D01016	
受损野生动植物驯养繁殖基地（场）数量	个	D01017	

（续）

指　标　名　称	计量单位	代码	数量
甲	乙	丙	1
受损野生动植物驯养繁殖基地（场）经济损失	万元	D01018	
林区基础设施经济损失	万元	D01019	
林业经济损失小计	万元	D01020	
三、畜牧业	—	—	
死亡大牲畜数量	头只	D01021	
死亡小牲畜数量	头只	D01022	
死亡家禽数量	只	D01023	
死亡畜禽经济损失	万元	D01024	
倒塌损坏畜禽圈舍面积	平方米	D01025	
倒塌损坏畜禽圈舍经济损失	万元	D01026	
受损饲草料数量	吨	D01027	
受损饲草料经济损失	万元	D01028	
畜牧业经济损失小计	万元	D01029	
四、渔业	—	—	
受灾水产养殖面积	公顷	D01030	
水产品损失量	万吨	D01031	
水产品经济损失	万元	D01032	
水产种苗经济损失	万元	D01033	
受损养殖设施经济损失	万元	D01034	
渔船损失数量	艘	D01035	
受损渔船鱼港经济损失	万元	D01036	
渔业经济损失小计	万元	D01037	
五、农业机械	—	—	
受损农业机械数量	台套	D01038	
受损农业机械经济损失	万元	D01039	

（续）

指　标　名　称	计量单位	代码	数量
甲	乙	丙	1
六、相关用房	—	—	
倒损相关用房面积	平方米	D01040	
倒损相关用房经济损失	万元	D01041	
七、农林牧渔业经济损失合计	万元	D01042	

单位负责人：　　　　　填表人：　　　　　报出日期：　　年　月　日

填报说明：

1. 本表适用于农业、林业、畜牧业、渔业、农业机械及相关用房等损失统计；农林牧渔服务业属于服务业，此类损失计入《服务业损失统计表》。

2. 本表含中央（省、市）直属的农场、林场的损失。

3. 本表不含农业行政部门、各类行业协会、联合会等损失，此类损失计入《公共服务（社会管理系统）损失统计表》。

4. 农业机械如用于经营盈利，计入本表；如只作家庭自用时，计入《居民家庭财产损失统计表》。

5. 农业生产大棚经济损失不包括大棚内种植的各类作物。

6. 相关用房：含在建用房；不含职工住宅用房，此类损失采用《城镇居民住房受损情况统计表》和《农村居民住房受损情况统计表》单独统计；不含土地损失，此类损失计入《资源与环境损失统计表》。倒损面积指建筑面积，按房屋外墙计算。只知道使用面积的，可用公式换算：使用面积(包括扩建的使用面积) ÷ 0.7 = 建筑面积。

主要指标说明：

1. 农作物受灾面积：指因灾减产一成以上的农作物播种面积（含成灾、绝收面积）。

农作物包括粮食作物、经济作物和其他作物。其中，粮食作物是稻谷、小麦、薯类、玉米、高粱、谷子、其他杂粮和大豆等作物的总称；经济作物是蔬菜、棉花、油料、麻类、糖料、烟叶、茶叶、水果等作物的总称；其他作物是青饲料、绿肥等作物的总称。

2. 农作物成灾面积：指在受灾面积中，因灾减产三成以上的农作物播种面积（含绝收面积）。

3. 农作物绝收面积：指在成灾面积中，因灾减产八成以上的农作物播种面积。

4. 农业生产大棚：能种植蔬菜、瓜类、花卉苗木、食用菌等作物的温室、大棚。

5. 森林：包括乔木林、竹林和国家特别规定的灌木林。

6. 林区基础设施：包括林区道路（含生产作业、桥梁、涵洞、森林防火、游览景区道路）、自用供水供电通信广播电视设施及线路（不含交由地方管理的设施及线路）、森林防火瞭望塔、野生动物圈舍等。

7. 大牲畜：体型较大，须饲养 2 年以上才发育成熟的牲畜，如马、牛、驴、骡、骆驼、牦牛等。

8. 小牲畜：为了经济或者其他目的驯养的中小型哺乳动物，主要包括猪、羊、兔等。

9. 家禽：为了经济或者其他目的驯养的禽类，主要包括鸡、鸭、鹅等。

10. 渔业养殖面积：包括淡水养殖面积和海水养殖面积。前者包括池塘、湖泊、河沟、水库及其他，工厂化、稻田养殖不计入养殖总面积；后者包括海上养殖、滩涂养殖、陆基养殖，工厂化、深水网箱养殖不计入养殖面积。

11. 受灾水产养殖面积：指因灾造成水产品产量损失在 10% 以上的养殖面积。

12. 水产品：包括全部海水和淡水鱼类、甲壳类（虾、蟹）、贝类、头足类、藻类和其他渔业产品；不包括渔业生产过程中的中间成果，如鱼苗、鱼种、亲鱼、转塘鱼、存塘鱼和自用作饵料的产品等。

13. 农业机械：包括拖拉机、耕作机械、排灌机械、收获机械、收获后处理机械、农用运输机械、田间管理机械、牧业机械、林业机械、渔业机械、农产品初加工机械、农田基本建设机械等，不包括专门用于乡镇（村、组）办工业、基本建设、非农业运输、科学试验和教学等非农业生产方面的动力机械和作业机械。

逻辑关系：

1. D01001 ≥ D01002 ≥ D01003。
2. D01007 ≥ D01004 + D01006。
3. D01020 ≥ D01010 + D01012 + D01014 + D01016 + D01018 + D01019。
4. D01029 ≥ D01024 + D01026 + D01028。
5. D01037 ≥ D01032 + D01033 + D01034 + D01036。
6. D01042 = D01007 + D01020 + D01029 + D01037 + D01039。

（七）工业损失统计表

________省（自治区、直辖市）
________市（自治州、盟、地区）
________县（市、区、自治县、旗、自治旗、特区、林区）
行政区划代码：
填报单位（盖章）：　　20　年　月

表　　号：E01
制定机关：国家防灾减灾救灾委员会办公室、应急管理部
批准机关：国家统计局
批准文号：国统制〔2024〕82 号
有效期至：2027 年 3 月

指 标 名 称	计量单位	代码	数量
甲	乙	丙	1
一、规模以上工业	—	—	
受损工业企业数量	个	E01001	
倒损厂房、仓库面积	平方米	E01002	
倒损厂房、仓库经济损失	万元	E01003	
受损设备设施数量	台套	E01004	
受损设备设施经济损失	万元	E01005	
受损原材料、半成品、产成品经济损失	万元	E01006	
规模以上工业经济损失小计	万元	E01007	
二、规模以下工业	—	—	
受损工业企业数量	个	E01008	
倒损厂房、仓库面积	平方米	E01009	
倒损厂房、仓库经济损失	万元	E01010	
受损设备设施数量	台套	E01011	
受损设备设施经济损失	万元	E01012	
受损原材料、半成品、产成品经济损失	万元	E01013	
规模以下工业经济损失小计	万元	E01014	
三、工业经济损失合计	万元	E01015	

单位负责人：　　填表人：　　报出日期：　　年　月　日

填报说明：

1. 本表适用于采矿业（不包括煤炭开采和洗选业、石油和天然气开采业，此项损失计入《基础设施（能源）损失统计表》）、制造业、建筑业损失统计。电力生产和供应业的损失计入《基础设施（能源）损失统计表》，热力、燃气及水生产和供应业的损失按照所属地区不同分别计入《基础设施（市政）损失统计表》、《基础设施（农村地区生活设施）损失统计表》。

2. 本表含中央（省、市）直属工业企业损失、国防工业损失。

3. 本表不含工业行政部门、各类行业协会和联合会等损失，此类损失计入《公共服务（社会管理系统）损失统计表》；不含职工住宅用房损失，此类损失采用《城镇居民住房受损情况统计表》和《农村居民住房受损情况统计表》单独统计；不含土地损失，此类损失计入《资源与环境损失统计表》。

主要指标说明：

1. 规模以上工业：年主营业务收入 2000 万元及以上的工业。

2. 规模以下工业：年主营业务收入 2000 万元以下的工业。

3. 工业企业数量：独立核算法人工业企业个数。

逻辑关系：

1. E01007≥E01003 + E01005 + E01006。

2. E01014≥E01010 + E01012 + E01013。

3. E01015 = E01007 + E01014。

（八）服务业损失统计表

________省（自治区、直辖市）
________市（自治州、盟、地区）
________县（市、区、自治县、旗、自治旗、特区、林区）
行政区划代码：
填报单位（盖章）：　　　　20　年　月

表　　号：F01
制定机关：国家防灾减灾救灾委员会办公室、应急管理部
批准机关：国家统计局
批准文号：国统制〔2024〕82 号
有效期至：2027 年 3 月

指　标　名　称	计量单位	代码	数量
甲	乙	丙	1
一、批发和零售业	—	—	
受损网点数量	个	F01001	
受损设备设施数量	台套	F01002	
受损设备设施经济损失	万元	F01003	
受损商品经济损失	万元	F01004	
批发和零售业经济损失小计	万元	F01005	
二、住宿和餐饮业	—	—	
受损住宿和餐饮网点数量	个	F01006	
受损设备设施数量	台套	F01007	
受损设备设施经济损失	万元	F01008	
住宿和餐饮业经济损失小计	万元	F01009	
三、金融业	—	—	
受损网点数量	个	F01010	
受损设备设施数量	台套	F01011	
受损设备设施经济损失	万元	F01012	
金融业经济损失小计	万元	F01013	
四、文化、体育和娱乐业	—	—	
受损网点数量	个	F01014	
受损设备设施数量	台套	F01015	

（续）

指　标　名　称	计量单位	代码	数量
甲	乙	丙	1
受损设备设施经济损失	万元	F01016	
文化、体育和娱乐业经济损失小计	万元	F01017	
五、农林牧渔服务业	—	—	
受损农林牧渔服务业经济损失	万元	F01018	
六、其他服务业	—	—	
受损网点数量	个	F01019	
受损设备设施数量	台套	F01020	
受损设备设施经济损失	万元	F01021	
受损商品经济损失	万元	F01022	
其他服务业经济损失小计	万元	F01023	
七、相关用房	—	—	
倒损相关用房面积	平方米	F01024	
倒损相关用房经济损失	万元	F01025	
八、服务业经济损失合计	万元	F01026	

单位负责人：　　　　　　　　填表人：　　　　　　　　报出日期：　　年　月　日

填报说明：

1. 本表适用于非公共服务业损失的统计，包括批发和零售业，住宿和餐饮业，金融业，文化、体育和娱乐业，农林牧渔服务业，其他服务业。其中，其他服务业包括交通运输、仓储和邮政业中的装卸搬运和仓储业、运输代理业，信息传输、软件和信息技术服务业，房地产业，租赁和商务服务业，居民服务、修理和其他服务业等。

2. 交通运输、仓储和邮政业中的交通运输损失在《基础设施（交通运输）损失统计表》中统计，邮政业损失在《基础设施（通信）损失统计表》中统计；科学研究和技术公共服务业损失在《公共服务（科技系统）损失统计表》中统计；水利、环境和公共设施管理业损失在《基础设施（水利）损失统计表》和《资源与环境损失统计表》中统计；教育系统损失在《公共服务（教育系统）损失统计表》中统计；卫生系统损失在《公共服务（医疗卫生系统）损失统计表》中统计；文化、体育和娱乐业损失中的文化产业损失仅统计经营性文化活动损失，公益性文化活动损失计入《公共服务（文化系统）损失统计表》，体育损失中的场馆等损失在《公共服务（体育系统）损失统计表》中统计；公共管理、社会保障和社会组织损失在《公共服务（社会管理系统）损失统计表》和《公共服务（社会保障与社会服务系统）损失统计表》中统计。

3. 本表含中央（省、市）直属服务业损失。

4. 本表不含服务业行政部门、各类行业协会和联合会等损失，此类损失计入《公共服务（社会管理系统）损失统计表》。

5. 相关用房：含在建用房；不含职工住宅用房，此类损失采用《城镇居民住房受损情况统计表》和《农村居民住房受损情况统计表》单独统计；不含土地损失，此类损失计入《资源与环境损失统计表》。倒损面积指建筑面积，按房屋外墙计算。只知道使用面积的，可用公式换算：使用面积(包括扩建的使用面积) ÷0. 7 = 建筑面积。

主要指标说明：

1. 批发业：指向其他批发或者零售单位（含个体经营者）及其他企事业单位、机关团体等批量销售生活用品、生产资料的活动，以及从事进出口贸易和贸易经济与代理的活动。

2. 零售业：指百货商店、超级市场、专门零售商店、品牌专卖店、售货摊等主要面向最终消费者的销售活动，以及互联网、邮政、电话、售货机等方式的销售活动，还包括在同一地点，后面加工生产，前面销售的店铺等。谷物、种子、饲料、牲畜、矿产品、生产用原料、化工原料、农用化工产品、机械设备（乘用车、计算机及通信设备除外）等生产资料的销售不作为零售活动。

3. 住宿业：指为旅行者提供短期留宿场所的活动，不包括主要按月或者按年长期出租房屋住所的活动。

4. 餐饮业：指通过即时制作加工、商业销售和服务性劳动等，向消费者提供食品和消费场所及设施的服务活动。

5. 金融业：包括货币金融服务、资本市场服务、保险业和其他金融业。

6. 农林牧渔服务业：对农、林、牧、渔业生产活动进行的各种支持性服务活动，但不包括各种科学技术和专业技术服务活动。

逻辑关系：

1. F01005≥F01003 + F01004。

2. F01009≥F01008。

3. F01013≥F01012。

4. F01017≥F01016。

5. F01023≥F01021 + F01022。

6. F01026 = F01005 + F01009 + F01013 + F01017 + F01018 + F01023。

（九）基础设施（交通运输）损失统计表

________省（自治区、直辖市）
________市（自治州、盟、地区）
________县（市、区、自治县、旗、自治旗、特区、林区）
行政区划代码：
填报单位（盖章）：　　　　　20　年　月

表　　号：G01
制定机关：国家防灾减灾救灾委员会办公室、应急管理部
批准机关：国家统计局
批准文号：国统制〔2024〕82 号
有效期至：2027 年 3 月

指　标　名　称	计量单位	代码	数量
甲	乙	丙	1
一、公路	—	—	
（一）国省干线	—	—	
受损路基	立方米/千米	G01001	
受损路基经济损失	万元	G01002	
受损路面	平方米/千米	G01003	
受损路面经济损失	万元	G01004	
受损桥梁	延米/座	G01005	
受损桥梁经济损失	万元	G01006	
受损隧道	延米/道	G01007	
受损隧道经济损失	万元	G01008	
受损护坡、驳岸、挡墙数量	立方米/处	G01009	
受损护坡、驳岸、挡墙经济损失	万元	G01010	
国省干线经济损失	万元	G01011	
（二）其他公路	—	—	
受损路基	立方米/千米	G01012	
受损路基经济损失	万元	G01013	
受损路面	平方米/千米	G01014	
受损路面经济损失	万元	G01015	
受损桥梁	延米/座	G01016	

（续）

指　标　名　称	计量单位	代码	数量
甲	乙	丙	1
受损桥梁经济损失	万元	G01017	
受损隧道	延米/道	G01018	
受损隧道经济损失	万元	G01019	
受损护坡、驳岸、挡墙数量	立方米/处	G01020	
受损护坡、驳岸、挡墙经济损失	万元	G01021	
其他公路经济损失	万元	G01022	
（三）客（货）运站、服务区	—	—	
受损客运站数量	个	G01023	
其中：受损等级站数量	个	G01024	
受损客运站经济损失	万元	G01025	
受损货运站数量	个	G01026	
受损货运站经济损失	万元	G01027	
受损服务区数量	个	G01028	
受损服务区经济损失	万元	G01029	
客（货）运站、服务区经济损失	万元	G01030	
（四）公路经济损失小计	万元	G01031	
二、铁路	—	—	
（一）高速铁路	—	—	
受损路基	立方米/千米	G01032	
受损路基经济损失	万元	G01033	
受损桥梁	延米/座	G01034	
受损桥梁经济损失	万元	G01035	
受损涵洞	延米/座	G01036	
受损涵洞经济损失	万元	G01037	
受损隧道	延米/道	G01038	

（续）

指　标　名　称	计量单位	代码	数量
甲	乙	丙	1
受损隧道经济损失	万元	G01039	
受损护坡、驳岸、挡墙数量	处	G01040	
受损护坡、驳岸、挡墙经济损失	万元	G01041	
受损供电线路经济损失	万元	G01042	
受损通信线路经济损失	万元	G01043	
高速铁路经济损失	万元	G01044	
（二）普通铁路	—	—	
受损路基	立方米/千米	G01045	
受损路基经济损失	万元	G01046	
受损桥梁	延米/座	G01047	
受损桥梁经济损失	万元	G01048	
受损涵洞	延米/座	G01049	
受损涵洞经济损失	万元	G01050	
受损隧道	延米/道	G01051	
受损隧道经济损失	万元	G01052	
受损护坡、驳岸、挡墙数量	处	G01053	
受损护坡、驳岸、挡墙经济损失	万元	G01054	
受损供电线路经济损失	万元	G01055	
受损通信线路经济损失	万元	G01056	
普通铁路经济损失	万元	G01057	
（三）客（货）运站	—	—	
受损客运站数量	个	G01058	
受损客运站经济损失	万元	G01059	
受损货运站数量	个	G01060	
受损货运站经济损失	万元	G01061	

（续）

指　标　名　称	计量单位	代码	数量
甲	乙	丙	1
客（货）运站经济损失	万元	G01062	
（四）运输工具	—	—	
受损高速列车车厢数量	节	G01063	
受损高速列车经济损失	万元	G01064	
受损普通客车车厢数量	节	G01065	
受损普通客车经济损失	万元	G01066	
受损普通货车车厢数量	节	G01067	
受损普通货车经济损失	万元	G01068	
运输工具经济损失	万元	G01069	
（五）铁路经济损失小计	万元	G01070	
三、水运	—	—	
受损航道长度	千米	G01071	
受损航道经济损失	万元	G01072	
受损船闸数量	个	G01073	
受损船闸经济损失	万元	G01074	
受损码头泊位数量	个	G01075	
受损码头泊位经济损失	万元	G01076	
水运经济损失小计	万元	G01077	
四、航空	—	—	
受损机场数量	个	G01078	
受损机场经济损失	万元	G01079	
受损飞机数量	架	G01080	
受损飞机经济损失	万元	G01081	
航空经济损失小计	万元	G01082	
五、城市交通运输基础设施	—	—	

（续）

指　标　名　称	计量单位	代码	数量
甲	乙	丙	1
受损城市轨道交通车辆基地数量	个	G01083	
受损城市轨道交通车辆基地经济损失	万元	G01084	
受损城市轨道交通控制中心数量	个	G01085	
受损城市轨道交通控制中心经济损失	万元	G01086	
受损城市轨道交通车站数量	个	G01087	
受损城市轨道交通车站经济损失	万元	G01088	
受损城市轨道交通线路长度	千米	G01089	
受损城市轨道交通线路经济损失	万元	G01090	
受损交通枢纽数量	个	G01091	
受损交通枢纽经济损失	万元	G01092	
受损城市公共汽车场站数量	个	G01093	
受损城市公共汽车场站经济损失	万元	G01094	
受损公共汽车数量	个	G01095	
受损公共汽车经济损失	万元	G01096	
城市交通运输基础设施经济损失小计	万元	G01097	
六、相关用房	—	—	
倒损相关用房面积	平方米	G01098	
倒损相关用房经济损失	万元	G01099	
七、基础设施（交通运输）经济损失合计	万元	G01100	

单位负责人：　　　　填表人：　　　　报出日期：　　年　月　日

填报说明：

1. 本表适用于公路系统、铁路系统、水运系统、航空系统损失统计。

2. 本表含在建公路、铁路、桥梁、隧道、航道、船闸、码头泊位、机场及相关用房等损失。

3. 本表中公路损失统计不包括城镇道路、城市轨道交通、市内桥梁和隧道、农村地区村内道路、厂矿道路、林区道路、自然保护地内道路、游览景区道路损失。城镇道路、城市轨道交通、市内桥梁和隧道的损失计入《基础设施（市政）损失统计表》，农村地区村内道路损失计入《基础设施（农村地区生活设施）损失统计表》，厂矿道路损失计入《工业损失统计表》，林区道路损失计入《农业损失统计表》中的林业基础设施经济损失，自然保护地内道路、旅游景区道路损失计入《服务业损失统计表》。

4. 本表不含交通系统行政部门、各类行业协会和联合会等损失，此类损失计入《公共服务（社会管理系统）损失统计表》。

5. 公路受损涵洞数量及经济损失计入受损驳岸、挡墙数量及经济损失中。

6. 相关用房：含在建用房；不含职工住宅用房，此类损失采用《城镇居民住房受损情况统计表》和《农村居民住房受损情况统计表》单独统计；不含土地损失，此类损失计入《资源与环境损失统计表》。倒损面积指建筑面积，按房屋外墙计算。只知道使用面积的，可用公式换算：使用面积(包括扩建的使用面积)÷0.7=建筑面积。

主要指标说明：

1. 高速铁路：新建线路设计运行时速250千米（含预留）及以上，以及提速线路运行时速不小于200千米的客运列车专线铁路。

2. 普通铁路：高速铁路以外的客货共线铁路和重载铁路。

逻辑关系：

1. G01011≥G01002+G01004+G01006+G01008+G01010；G01022≥G01013+G01015+G01017+G01019+G01021；G01023≥G01024；G01030≥G01025+G01027+G01029；G01031≥G01011+G01022+G01030。

2. G01044≥G01033+G01035+G01037+G01039+G01041+G01042+G01043；G01057≥G01046+G01048+G01050+G01052+G01054+G01055+G01056；G01062=G01059+G01061；G01069≥G01064+G01066+G01068；G01070≥G01044+G01057+G01062+G01069。

3. G01077≥G01072+G01074+G01076。

4. G01082≥G01079+G01081。

5. G01097≥G01084+G01086+G01088+G01090+G01092+G01094+G01096。

6. G01100=G01031+G01070+G01077+G01082+G01097。

（十）基础设施（通信）损失统计表

________省（自治区、直辖市）
________市（自治州、盟、地区）
________县（市、区、自治县、旗、自治旗、特区、林区）
行政区划代码：
填报单位（盖章）：　　　　20　年　月

表　　号：G02
制定机关：国家防灾减灾救灾委员会办公室、应急管理部
批准机关：国家统计局
批准文号：国统制〔2024〕82号
有效期至：2027年3月

指　标　名　称	计量单位	代码	数量
甲	乙	丙	1
一、通信	—	—	
受损通信线路长度	皮长公里	G02001	
受损通信基站数量	个	G02002	
通信基础设施经济损失小计	万元	G02003	
二、邮政	—	—	
受损邮政设备设施数量	个	G02004	
受损邮政设备设施经济损失	万元	G02005	
受损邮政枢纽数量	个	G02006	
受损邮政枢纽数量经济损失	万元	G02007	
邮政经济损失小计	万元	G02008	
三、相关用房	—	—	
倒损相关用房面积	平方米	G02009	
倒损相关用房经济损失	万元	G02010	
四、其他通信基础设施经济损失	万元	G02011	
五、基础设施（通信）经济损失合计	万元	G02012	

单位负责人：　　　　填表人：　　　　报出日期：　　年　月　日

填报说明：

1. 本表适用于通信系统损失统计。
2. 本表含中央（省、市）直属通信企业损失、邮政企业损失；含在建设施损失，如在

建的通信线路、邮政设备设施的损失。

3. 本表不含通信系统行政部门、各类行业协会和联合会等损失，此类损失计入《公共服务（社会管理系统）损失统计表》；不含铁路中的通信线路，此类损失计入《基础设施（交通运输）损失统计表》。

4. 相关用房：含在建用房；不含职工住宅用房，此类损失采用《城镇居民住房受损情况统计表》和《农村居民住房受损情况统计表》单独统计；不含土地损失，此类损失计入《资源与环境损失统计表》。倒损面积指建筑面积，按房屋外墙计算。只知道使用面积的，可用公式换算：使用面积(包括扩建的使用面积) ÷0.7 = 建筑面积。

主要指标说明：

1. 基站：在一定的无线电覆盖区中，通过移动通信交换中心，与移动电话终端之间进行信息传递的无线电收发信电台。基站损失不包括内部通信网交换及接入设备、光缆、电缆损失。

2. 邮政枢纽：不包括内部设备设施损失。

逻辑关系：

1. G02008≥G02005 + G02007。

2. G02012 = G02003 + G02008 + G02011。

（十一）基础设施（能源）损失统计表

＿＿＿＿省（自治区、直辖市）
＿＿＿＿市（自治州、盟、地区）
＿＿＿＿县（市、区、自治县、旗、自治旗、特区、林区）
行政区划代码：
填报单位（盖章）：　　20　年　月

表　　号：G03
制定机关：国家防灾减灾救灾委员会办公室、应急管理部
批准机关：国家统计局
批准文号：国统制〔2024〕82号
有效期至：2027年3月

指　标　名　称	计量单位	代码	数量
甲	乙	丙	1
一、电力	—	—	
（一）±500千伏及以上直流输电线路	—	—	
受损变电设备容量	千伏安	G03001	
受损线路长度	千米	G03002	
经济损失	万元	G03003	
（二）500千伏及以上交流输电线路	—	—	
受损变电设备容量	千伏安	G03004	
受损线路长度	千米	G03005	
经济损失	万元	G03006	
（三）220（330）千伏线路	—	—	
受损变电设备容量	千伏安	G03007	
受损线路长度	千米	G03008	
经济损失	万元	G03009	
（四）35～110千伏线路	—	—	
受损变电设备容量	千伏安	G03010	
受损线路长度	千米	G03011	
经济损失	万元	G03012	
（五）35千伏以下线路	—	—	
受损变电设备容量	千伏安	G03013	

（续）

指　标　名　称	计量单位	代码	数量
甲	乙	丙	1
受损线路长度	千米	G03014	
经济损失	万元	G03015	
（六）发电	—	—	
受损电厂数量	个	G03016	
受损发电机组数量	个	G03017	
受损电厂装机容量	千瓦	G03018	
受损电厂经济损失	万元	G03019	
（七）电力经济损失小计	万元	G03020	
二、煤油气	—	—	
（一）煤	—	—	
受损煤矿数量	处	G03021	
受损煤矿规模	万吨/年	G03022	
受损煤矿经济损失	万元	G03023	
（二）油	—	—	
受损油井数量	个	G03024	
受损油井经济损失	万元	G03025	
受损输油管道（包括保护设施）长度	千米	G03026	
受损输油管道（包括保护设施）经济损失	万元	G03027	
受损油库数量	座	G03028	
受损油库经济损失	万元	G03029	
（三）气	—	—	
受损天然气气井数量	个	G03030	
受损天然气气井经济损失	万元	G03031	
受损天然气管线长度	千米	G03032	
受损天然气管线经济损失	万元	G03033	

（续）

指　标　名　称	计量单位	代码	数量
甲	乙	丙	1
受损煤层气井数量	个	G03034	
受损煤层气井经济损失	万元	G03035	
受损煤层气管线长度	千米	G03036	
受损煤层气管线经济损失	万元	G03037	
（四）煤油气经济损失小计	万元	G03038	
三、相关用房	—	—	
倒损相关用房面积	平方米	G03039	
倒损相关用房经济损失	万元	G03040	
四、基础设施（能源）经济损失合计	万元	G03041	

单位负责人：　　　　　　填表人：　　　　　　报出日期：　　年　月　日

填报说明：

1. 本表适用于能源系统损失统计。

2. 本表含中央（省、市）直属能源企业以及事业单位性质的油库、石油储备基地等损失；含在建设施损失，如在建输电线路、输油管道的损失。

3. 本表不含能源系统行政部门、各类行业协会和联合会等损失，此类损失计入《公共服务（社会管理系统）损失统计表》；不含相关油气加工企业损失，此类损失计入《工业损失统计表》。

4. 相关用房：含在建用房；不含职工住宅用房，此类损失采用《城镇居民住房受损情况统计表》和《农村居民住房受损情况统计表》单独统计；不含土地损失，此类损失计入《资源与环境损失统计表》。倒损面积指建筑面积，按房屋外墙计算。只知道使用面积的，可用公式换算：使用面积(包括扩建的使用面积) ÷ 0.7 = 建筑面积。

逻辑关系：

1. G03020 ≥ G03003 + G03006 + G03009 + G03012 + G03015 + G03019。

2. G03038 ≥ G03023 + G03025 + G03027 + G03029 + G03031 + G03033 + G03035 + G03037。

3. G03041 = G03020 + G03038。

（十二）基础设施（水利）损失统计表

________省（自治区、直辖市）	表　　号：G04
________市（自治州、盟、地区）	制定机关：国家防灾减灾救灾委员会办公室、应急管理部
________县（市、区、自治县、旗、自治旗、特区、林区）	批准机关：国家统计局
行政区划代码：	批准文号：国统制〔2024〕82号
填报单位（盖章）：　　20　年　月	有效期至：2027年3月

指　标　名　称	计量单位	代码	数量
甲	乙	丙	1
一、防洪排灌设施	—	—	
受损大中型水库水电站数量	座	G04001	
受损大中型水库水电站经济损失	万元	G04002	
受损小型水库水电站数量	座	G04003	
受损小型水库水电站经济损失	万元	G04004	
受损1级和2级堤防长度	千米	G04005	
受损3级及以下堤防长度	千米	G04006	
受损堤防经济损失	万元	G04007	
受损护岸数量	处	G04008	
受损护岸经济损失	万元	G04009	
受损水闸数量	座	G04010	
受损水闸经济损失	万元	G04011	
受损塘坝数量	座	G04012	
受损塘坝经济损失	万元	G04013	
受损灌排设施数量	处	G04014	
受损灌排设施经济损失	万元	G04015	
受损机电井数量	眼	G04016	
受损机电井经济损失	万元	G04017	
受损机电泵站数量	座	G04018	

（续）

指　标　名　称	计量单位	代码	数量
甲	乙	丙	1
受损机电泵站经济损失	万元	G04019	
受损水文测站数量	个	G04020	
受损水文测站经济损失	万元	G04021	
防洪排灌设施经济损失小计	万元	G04022	
二、受损其他水利工程经济损失	万元	G04023	
三、基础设施（水利）经济损失合计	万元	G04024	

单位负责人：　　　　填表人：　　　　报出日期：　　年　月　日

填报说明：

1. 本表适用于水利系统损失统计。

2. 本表含中央（省、市）直属水利系统损失。

3. 本表含在建设施损失，如在建水库的损失。

4. 本表不含水利系统行政部门、各类行业协会和联合会等损失，此类损失计入《公共服务（社会管理系统）损失统计表》；不含城市防洪排灌设施损失，此类损失采用《基础设施（市政）损失统计表》；不含职工住房损失，此类损失采用《城镇居民住房受损情况统计表》和《农村居民住房受损情况统计表》单独统计；不含土地损失，此类损失计入《资源与环境损失统计表》。

主要指标说明：

其他水利工程：被洪水损坏不能正常运行的其他水利工程设施，例如人饮工程、水保工程等。

逻辑关系：

1. G04022≥G04002 + G04004 + G04007 + G04009 + G04011 + G04013 + G04015 + G04017 + G04019 + G04021。

2. G04024≥G04022 + G04023。

（十三）基础设施（市政）损失统计表

________省（自治区、直辖市）
________市（自治州、盟、地区）
________县（市、区、自治县、旗、自治旗、特区、林区）
行政区划代码：
填报单位（盖章）：　　　　20　年　月

表　　号：G05
制定机关：国家防灾减灾救灾委员会办公室、应急管理部
批准机关：国家统计局
批准文号：国统制〔2024〕82号
有效期至：2027年3月

指　标　名　称	计量单位	代码	数量
甲	乙	丙	1
一、市政道路交通	—	—	
受损道路长度	千米	G05001	
受损道路经济损失	万元	G05002	
受损桥梁长度	千米	G05003	
受损桥梁经济损失	万元	G05004	
受损隧道长度	千米	G05005	
受损隧道经济损失	万元	G05006	
市政道路交通经济损失小计	万元	G05007	
二、市政供水	—	—	
受损水厂数量	个	G05008	
受损水厂经济损失	万元	G05009	
受损供水管网长度	千米	G05010	
受损供水管网经济损失	万元	G05011	
市政供水经济损失小计	万元	G05012	
三、市政排水	—	—	
受损雨水管网长度	千米	G05013	
受损雨水管网经济损失	万元	G05014	
受损污水管网长度	千米	G05015	
受损污水管网经济损失	万元	G05016	

（续）

指 标 名 称	计量单位	代码	数量
甲	乙	丙	1
受损污水处理厂数量	个	G05017	
受损污水处理厂经济损失	万元	G05018	
受损再生水厂数量	个	G05019	
受损再生水厂经济损失	万元	G05020	
市政排水经济损失小计	万元	G05021	
四、市政供气供热	—	—	
受损燃气储气站数量	个	G05022	
受损燃气储气站经济损失	万元	G05023	
受损供气管网长度	千米	G05024	
受损供气管网经济损失	万元	G05025	
受损热源厂数量	个	G05026	
受损热源厂经济损失	万元	G05027	
受损供热管网长度	千米	G05028	
受损供热管网经济损失	万元	G05029	
市政供气供热经济损失小计	万元	G05030	
五、市政垃圾处理	—	—	
受损垃圾无害化处理设施数量	个	G05031	
受损垃圾无害化处理设施经济损失	万元	G05032	
受损垃圾转运设施数量	个	G05033	
受损垃圾转运设施经济损失	万元	G05034	
市政垃圾处理经济损失小计	万元	G05035	
六、城市绿地	—	—	
受损城市绿地面积	公顷	G05036	
受损城市绿地经济损失	万元	G05037	
七、城市防洪	—	—	

（续）

指　标　名　称	计量单位	代码	数量
甲	乙	丙	1
受损城市防洪经济损失	万元	G05038	
八、其他市政设施经济损失	万元	G05039	
九、相关用房	—	—	
倒损相关用房面积	平方米	G05040	
倒损相关用房经济损失	万元	G05041	
十、基础设施（市政）经济损失合计	万元	G05042	

单位负责人：　　　　　　　填表人：　　　　　　　报出日期：　　年　月　日

填报说明：

1. 本表适用于城镇市政系统基础设施损失统计。

2. 本表含在建设施及相关用房损失，如在建排水管网的损失。

3. 本表不含市政系统行政部门、各类行业协会和联合会等损失，此类损失计入《公共服务（社会管理系统）损失统计表》。

4. 相关用房：含在建用房；不含职工住宅用房，此类损失采用《城镇居民住房受损情况统计表》和《农村居民住房受损情况统计表》单独统计；不含土地损失，此类损失计入《资源与环境损失统计表》。倒损面积指建筑面积，按房屋外墙计算。只知道使用面积的，可用公式换算：使用面积（包括扩建的使用面积）÷0.7＝建筑面积。

逻辑关系：

1. G05007≥G05002＋G05004＋G05006。

2. G05012≥G05009＋G05011。

3. G05021≥G05014＋G05016＋G05018＋G05020。

4. G05030≥G05023＋G05025＋G05027＋G05029。

5. G05035≥G05032＋G05034。

6. G05042＝G05007＋G05012＋G05021＋G05030＋G05035＋G05037＋G05038＋G05039。

（十四）基础设施（农村地区生活设施）损失统计表

________省（自治区、直辖市）
________市（自治州、盟、地区）
________县（市、区、自治县、旗、自治旗、特区、林区）
行政区划代码：
填报单位（盖章）：　　　　20　年　月

表　　号：G06
制定机关：国家防灾减灾救灾委员会办公室、应急管理部
批准机关：国家统计局
批准文号：国统制〔2024〕82号
有效期至：2027年3月

指标名称	计量单位	代码	数量
甲	乙	丙	1
受损村内道路经济损失	万元	G06001	
受损供水设备设施经济损失	万元	G06002	
受损排水设备设施经济损失	万元	G06003	
受损供电设备设施经济损失	万元	G06004	
受损供气设备设施经济损失	万元	G06005	
受损供热设备设施经济损失	万元	G06006	
受损垃圾处理设备设施经济损失	万元	G06007	
受损农村地区其他生活设施损失	万元	G06008	
倒损相关用房面积	平方米	G06009	
倒损相关用房经济损失	万元	G06010	
基础设施（农村地区生活设施）经济损失合计	万元	G06011	

单位负责人：　　　　填表人：　　　　报出日期：　　年　月　日

填报说明：

1. 本表适用于农村地区生活设施损失统计。
2. 本表含在建设及相关用房等损失，如在建排水管网的损失。
3. 本表不含农村地区生活设施管理的行政部门等损失，此类损失计入《公共服务（社会管理系统）损失统计表》。
4. 相关用房：含在建用房；不含职工住宅用房，此类损失采用《城镇居民住房受损情况统计表》和《农村居民住房受损情况统计表》单独统计；不含土地损失，此类损失计入

《资源与环境损失统计表》。倒损面积指建筑面积，按房屋外墙计算。只知道使用面积的，可用公式换算：使用面积（包括扩建的使用面积）÷0.7 = 建筑面积。

主要指标说明：

农村地区生活设施：仅指农村地区集中设立的基础设施，各项设备设施均包含相关配套管网，其中，排水设备设施包含的内容可参照市政排水。

逻辑关系：

G06011 = G06001 + G06002 + G06003 + G06004 + G06005 + G06006 + G06007 + G06008 + G06010。

（十五）基础设施（地质灾害防治设施）损失统计表

________省（自治区、直辖市）
________市（自治州、盟、地区）
________县（市、区、自治县、旗、自治旗、特区、林区）
行政区划代码：
填报单位（盖章）： 20 年 月

表 号：G07
制定机关：国家防灾减灾救灾委员会办公室、应急管理部
批准机关：国家统计局
批准文号：国统制〔2024〕82号
有效期至：2027年3月

指 标 名 称	计量单位	代码	数量
甲	乙	丙	1
崩塌防治设施毁损数量	处	G07001	
崩塌防治设施毁损经济损失	万元	G07002	
滑坡防治设施毁损数量	处	G07003	
滑坡防治设施毁损经济损失	万元	G07004	
泥石流防治设施毁损数量	处	G07005	
泥石流防治设施毁损经济损失	万元	G07006	
地面塌陷防治设施毁损数量	处	G07007	
地面塌陷防治设施毁损经济损失	万元	G07008	
地面沉降防治设施毁损数量	处	G07009	
地面沉降防治设施毁损经济损失	万元	G07010	
地裂缝防治设施毁损数量	处	G07011	
地裂缝防治设施毁损经济损失	万元	G07012	
其他地质灾害防治设施毁损数量	处	G07013	
其他地质灾害防治设施毁损经济损失	万元	G07014	
倒损相关用房面积	平方米	G07015	
倒损相关用房经济损失	万元	G07016	
基础设施（地质灾害防治设施）经济损失合计	万元	G07017	

单位负责人： 填表人： 报出日期： 年 月 日

填报说明：

1. 本表适用于地质灾害防治设施损失统计。

2. 本表含在建设施损失，如在建的滑坡防治设施损失。

3. 本表不含各级各类道路的地质灾害防治设施损失，此类损失计入《基础设施（交通运输）损失统计表》；不含市政道路的地质灾害防治设施损失，此类损失计入《基础设施（市政）损失统计表》；不含村内道路的地质灾害防治设施损失，此类损失计入《基础设施（农村地区生活设施）损失统计表》。

4. 相关用房：含在建用房；不含职工住宅用房，此类损失采用《城镇居民住房受损情况统计表》和《农村居民住房受损情况统计表》单独统计；不含土地损失，此类损失计入《资源与环境损失统计表》。倒损面积指建筑面积，按房屋外墙计算。只知道使用面积的，可用公式换算：使用面积（包括扩建的使用面积）÷0.7 = 建筑面积。

逻辑关系：

G07017 = G07002 + G07004 + G07006 + G07008 + G07010 + G07012 + G07014 + G07016。

（十六）公共服务（教育系统）损失统计表

________省（自治区、直辖市）
________市（自治州、盟、地区）
________县（市、区、自治县、旗、自治旗、特区、林区）
行政区划代码：
填报单位（盖章）： 20 年 月

表　　号：H01
制定机关：国家防灾减灾救灾委员会办公室、应急管理部
批准机关：国家统计局
批准文号：国统制〔2024〕82 号
有效期至：2027 年 3 月

指　标　名　称	计量单位	代码	数量
甲	乙	丙	1
受损高等教育学校数量	个	H01001	
受损高等教育学校经济损失	万元	H01002	
受损中等教育学校数量	个	H01003	
受损中等教育学校经济损失	万元	H01004	
受损初等教育学校数量	个	H01005	
受损初等教育学校经济损失	万元	H01006	
受损学前教育机构数量	个	H01007	
受损学前教育机构经济损失	万元	H01008	
受损特殊教育学校数量	个	H01009	
受损特殊教育学校经济损失	万元	H01010	
受损其他教育学校（机构）数量	个	H01011	
受损其他教育学校（机构）经济损失	万元	H01012	
校舍受损面积	平方米	H01013	
校舍经济损失	万元	H01014	
公共服务（教育系统）经济损失合计	万元	H01015	

单位负责人：　　　　填表人：　　　　报出日期：　　年　月　日

填报说明：

1. 本表适用于教育系统损失统计，表中教育学校（机构）包括公办和民办两类。
2. 本表统计教育系统各类学校（机构）的图书、仪器设备、办公设备、生活设施、体

育场地、场馆设备设施、附属设施及相关用房等损失；不含教育系统行政部门、各类行业协会和联合会等损失，此类损失计入《公共服务（社会管理系统）损失统计表》。

3. 校舍：含在建校舍；不含职工住宅用房，此类损失采用《城镇居民住房受损情况统计表》和《农村居民住房受损情况统计表》单独统计；不含土地损失，此类损失计入《资源与环境损失统计表》。倒损面积指建筑面积，按房屋外墙计算。只知道使用面积的，可用公式换算：使用面积(包括扩建的使用面积) ÷0. 7 = 建筑面积。

主要指标说明：

1. 高等教育学校：指普通高等教育、成人高等教育学校。

2. 中等教育学校：指普通初中、职业初中、成人初中、普通高中、成人高中、中等职业学校。

3. 初等教育学校：指普通小学、成人小学学校。

4. 学前教育机构：指幼儿园、学前班等。

5. 特殊教育学校：指为残障儿童提供特殊教育活动的学校（不含残障人员技能培训学校）。

6. 其他教育学校（机构）：指职业技能培训、体校及体育培训、文化艺术培训学校（机构）等。

逻辑关系：

H01015 = H01002 + H01004 + H01006 + H01008 + H01010 + H01012 + H01014。

（十七）公共服务（科技系统）损失统计表

________省（自治区、直辖市）
________市（自治州、盟、地区）
________县（市、区、自治县、旗、自治旗、特区、林区）
行政区划代码：
填报单位（盖章）：　　　　20　年　月

表　　号：H02
制定机关：国家防灾减灾救灾委员会办公室、应急管理部
批准机关：国家统计局
批准文号：国统制〔2024〕82号
有效期至：2027年3月

指 标 名 称	计量单位	代码	数量
甲	乙	丙	1
一、研究和试验系统	—	—	
受损科研机构数量	个	H02001	
受损专业技术服务机构数量	个	H02002	
受损其他科研机构数量	个	H02003	
受损设备设施经济损失	万元	H02004	
研究和试验系统经济损失小计	万元	H02005	
二、专业监测系统	—	—	
（一）气象	—	—	
受损气象监测站点数量	个	H02006	
受损气象监测站点设备设施数量	台套	H02007	
受损气象监测站点经济损失	万元	H02008	
（二）地震	—	—	
受损地震监测站点数量	个	H02009	
受损地震监测站点设备设施数量	台套	H02010	
受损地震监测站点经济损失	万元	H02011	
（三）海洋	—	—	
受损海洋监测站点数量	个	H02012	
受损海洋监测站点设备设施数量	台套	H02013	
受损海洋监测站点经济损失	万元	H02014	

（续）

指　标　名　称	计量单位	代码	数量
甲	乙	丙	1
（四）测绘	—	—	
受损测绘基准站点数量	个	H02015	
受损测绘基准站点设备设施数量	台套	H02016	
受损测绘基准站点经济损失	万元	H02017	
（五）环境保护	—	—	
受损环境保护监测站点数量	个	H02018	
受损环境保护监测站点设备设施数量	台套	H02019	
受损环境保护监测站点经济损失	万元	H02020	
（六）地质勘查	—	—	
受损地质勘查监测站点数量	个	H02021	
受损地质勘查监测站点设备设施数量	台/套	H02022	
受损地质勘查监测站点经济损失	万元	H02023	
（七）水文、水资源、防汛	—	—	
受损水文、水资源、防汛监测站点数量	个	H02024	
受损水文、水资源、防汛监测站点设备设施数量	台套	H02025	
受损水文、水资源、防汛监测站点经济损失	万元	H02026	
（八）林业生态	—	—	
受损林业生态监测站点数量	个	H02027	
受损林业生态监测站点设备设施数量	台/套	H02028	
受损林业生态监测站点经济损失	万元	H02029	
（九）专业监测系统经济损失小计	万元	H02030	
三、其他科技系统经济损失	万元	H02031	
四、相关用房	—	—	

（续）

指　标　名　称	计量单位	代码	数量
甲	乙	丙	1
倒损相关用房面积	平方米	H02032	
倒损相关用房经济损失	万元	H02033	
五、公共服务（科技系统）经济损失合计	万元	H02034	

单位负责人：　　　　　　　填表人：　　　　　　　报出日期：　　年　月　日

填报说明：

1. 本表适用于研究和试验系统、专业监测系统损失统计。

2. 本表统计研究和试验系统、专业监测系统的设备设施及相关用房等损失；不含研究和试验系统、专业监测系统行政部门、行业协会和联合会等损失，此类损失计入《公共服务（社会管理系统）损失统计表》。

3. 相关用房：含在建用房；不含职工住宅用房，此类损失采用《城镇居民住房受损情况统计表》和《农村居民住房受损情况统计表》单独统计；不含土地损失，此类损失计入《资源与环境损失统计表》。倒损面积指建筑面积，按房屋外墙计算。只知道使用面积的，可用公式换算：使用面积(包括扩建的使用面积）÷0.7＝建筑面积。

主要指标说明：

1. 科研机构：不包括各类学校中从事科研活动的机构，归入教育系统统计；不包括企业中从事科研活动的机构，归入服务业统计。

2. 专业技术服务机构：包括气象、地震、海洋、测绘、环境与生态监测、地质勘查等服务机构的固定资产损失；不包括相对独立于各类机构所在地的专业监测系统设备设施损失，该类损失归入专业监测系统统计。

3. 其他科研机构：未包括在上述两类机构范围内，但以科研活动为主体活动的机构。

4. 林业生态监测站点：包括生态定位观测站，生态系统固定监测样地、样线、样区，鸟类环志站点，野生动物疫源疫病监测站点，有害生物监测站等。

逻辑关系：

1. H02005≥H02004。

2. H02030≥H02008＋H02011＋H02014＋H02017＋H02020＋H02023＋H02026＋H02029。

3. H02034＝H02005＋H02030＋H02031。

（十八）公共服务（医疗卫生系统）损失统计表

________省（自治区、直辖市）
________市（自治州、盟、地区）
________县（市、区、自治县、旗、自治旗、特区、林区）
行政区划代码：
填报单位（盖章）：　　　　20　年　月

表　　号：H03
制定机关：国家防灾减灾救灾委员会办公室、应急管理部
批准机关：国家统计局
批准文号：国统制〔2024〕82 号
有效期至：2027 年 3 月

指　标　名　称	计量单位	代码	数量
甲	乙	丙	1
一、医疗卫生机构	—	—	
受损医院数量	个	H03001	
受损医院经济损失	万元	H03002	
受损基层医疗卫生机构数量	个	H03003	
受损基层医疗卫生机构经济损失	万元	H03004	
受损专业公共卫生机构数量	个	H03005	
受损专业公共卫生机构经济损失	万元	H03006	
受损其他医疗卫生机构数量	个	H03007	
受损其他医疗卫生机构经济损失	万元	H03008	
医疗卫生机构经济损失小计	万元	H03009	
二、食品药品监督管理机构	—	—	
受损食品药品监督管理机构数量	个	H03010	
受损食品药品监督管理机构经济损失	万元	H03011	
三、其他医疗卫生系统经济损失	万元	H03012	
四、相关用房	—	—	
倒损相关用房面积	平方米	H03013	
倒损相关用房经济损失	万元	H03014	
五、公共服务（医疗卫生系统）经济损失合计	万元	H03015	

单位负责人：　　　　填表人：　　　　报出日期：　　年　月　日

填报说明：

1. 本表适用于医疗卫生系统、食品药品监督管理系统损失统计。

2. 本表统计医疗卫生等系统的设备设施及相关非住宅用房等损失；不含医疗卫生等系统行政部门、各类行业协会和联合会等损失，此类损失计入《公共服务（社会管理系统）损失统计表》。

3. 相关用房：含在建用房；不含职工住宅用房，此类损失采用《城镇居民住房受损情况统计表》和《农村居民住房受损情况统计表》单独统计；不含土地损失，此类损失计入《资源与环境损失统计表》。倒损面积指建筑面积，按房屋外墙计算。只知道使用面积的，可用公式换算：使用面积(包括扩建的使用面积) ÷0.7 = 建筑面积。

主要指标说明：

1. 医疗卫生机构：指从卫生健康行政部门取得《医疗机构执业许可证》，或者从工商行政、机构编制管理部门取得法人单位登记证书，为社会提供医疗服务、公共卫生服务或者从事医学科研和医学在职培训等工作的单位。医疗卫生机构包括医院、基层医疗卫生机构、专业公共卫生机构、其他医疗卫生机构。

2. 医院：包括综合医院、中医医院、中西医结合医院、民族医院、专科医院和康复医院，包括医学院校附属医院，不包括专科疾病防治院、妇幼保健院和疗养院。

3. 基层医疗卫生机构：包括社区卫生服务中心（站）、乡（镇、街道）卫生院、村卫生室、门诊部、诊所（医务室），不包括企事业单独设立的不对外开放的诊所（医务室）等。

4. 专业公共卫生机构：包括疾病预防控制中心、专科疾病防治机构、妇幼保健机构、健康教育机构、急救中心（站）、采供血机构、卫生监督机构、计划生育技术服务机构。

5. 食品药品监督管理机构：包括食品安全监督管理机构、药品安全监督管理机构等。

逻辑关系：

1. H03009 = H03002 + H03004 + H03006 + H03008。

2. H03015 = H03009 + H03011 + H03012。

（十九）公共服务（文化系统）损失统计表

________省（自治区、直辖市）
________市（自治州、盟、地区）
________县（市、区、自治县、旗、自治旗、特区、林区）
行政区划代码：
填报单位（盖章）： 20 年 月

表　　号：H04
制定机关：国家防灾减灾救灾委员会办公室、应急管理部
批准机关：国家统计局
批准文号：国统制〔2024〕82号
有效期至：2027年3月

指　标　名　称	计量单位	代码	数量
甲	乙	丙	1
受损图书馆（档案馆）数量	个	H04001	
受损图书馆（档案馆）经济损失	万元	H04002	
受损博物馆数量	个	H04003	
受损博物馆经济损失	万元	H04004	
受损文化馆数量	个	H04005	
受损文化馆经济损失	万元	H04006	
受损剧场数量	个	H04007	
受损剧场经济损失	万元	H04008	
受损乡镇综合文化站数量	个	H04009	
受损乡镇综合文化站经济损失	万元	H04010	
受损社区图书室（文化室）数量	个	H04011	
受损社区图书室（文化室）经济损失	万元	H04012	
受损宗教活动场所及宗教院校数量	个	H04013	
受损宗教活动场所及宗教院校经济损失	万元	H04014	
受损其他文化系统经济损失	万元	H04015	
倒损相关用房面积	平方米	H04016	
倒损相关用房经济损失	万元	H04017	
公共服务（文化系统）经济损失合计	万元	H04018	

单位负责人：　　填表人：　　报出日期：　年　月　日

填报说明：

1. 本表适用于公益性文化系统损失统计。

2. 本表统计公益性文化系统的设备设施及相关用房等损失，经营性文化系统的设备设施损失计入《服务业损失统计表》；不含文化系统行政部门、各类行业协会和联合会等损失，此类损失计入《公共服务（社会管理系统）损失统计表》。

3. 相关用房：含在建用房；不含职工住宅用房，此类损失采用《城镇居民住房受损情况统计表》和《农村居民住房受损情况统计表》单独统计；不含土地损失，此类损失计入《资源与环境损失统计表》。倒损面积指建筑面积，按房屋外墙计算。只知道使用面积的，可用公式换算：使用面积(包括扩建的使用面积) ÷0. 7 = 建筑面积。

主要指标说明：

图书馆（档案馆）、博物馆、剧场（影剧院）：不包括其他各类行业、机构内部建立的非独立运营的场馆设备设施损失，归入相关行业系统统计。

逻辑关系：

H04018 = H04002 + H04004 + H04006 + H04008 + H04010 + H04012 + H04014 + H04015。

（二十）公共服务（广播电视系统）损失统计表

________省（自治区、直辖市）
________市（自治州、盟、地区）
________县（市、区、自治县、旗、自治旗、特区、林区）
行政区划代码：
填报单位（盖章）： 20 年 月

表 号：H05
制定机关：国家防灾减灾救灾委员会办公室、应急管理部
批准机关：国家统计局
批准文号：国统制〔2024〕82号
有效期至：2027年3月

指 标 名 称	计量单位	代码	数量
甲	乙	丙	1
受损广播电视台数量	个	H05001	
受损广播电视台经济损失	万元	H05002	
受损无线广播电视发射（监测）台数量	个	H05003	
受损无线广播电视发射（监测）台经济损失	万元	H05004	
受损广播电视传输覆盖网络经济损失	万元	H05005	
受损广播电视有线前端经济损失	万元	H05006	
受损乡镇广播电视站播出设备经济损失	万元	H05007	
受损乡镇广播电视站传输设备经济损失	万元	H05008	
受损广播电视村村通设施经济损失	万元	H05009	
受损其他广播电视公共服务机构数量	个	H05010	
受损其他广播电视公共服务机构经济损失	万元	H05011	
倒损相关用房面积	平方米	H05012	
倒损相关用房经济损失	万元	H05013	
公共服务（广播电视系统）经济损失合计	万元	H05014	

单位负责人： 填表人： 报出日期： 年 月 日

填报说明：

1. 本表适用于广播电视系统损失统计。

2. 本表统计广播电视系统的设备设施及相关用房等损失；不含广播电视系统行政部门、各类行业协会和联合会等损失，此类损失计入《公共服务（社会管理系统）损失统计表》。

3. 相关用房：含在建用房；不含职工住宅用房，此类损失采用《城镇居民住房受损情况统计表》和《农村居民住房受损情况统计表》单独统计；不含土地损失，此类损失计入《资源与环境损失统计表》。倒损面积指建筑面积，按房屋外墙计算。只知道使用面积的，可用公式换算：使用面积（包括扩建的使用面积）÷0.7 = 建筑面积。

逻辑关系：

H05014 = H05002 + H05004 + H05005 + H05006 + H05007 + H05008 + H05009 + H05011 + H05013。

（二十一）公共服务（新闻出版系统）损失统计表

________省（自治区、直辖市）
________市（自治州、盟、地区）
________县（市、区、自治县、旗、自治旗、特区、林区）
行政区划代码：
填报单位（盖章）：　　　　20　年　月

表　　号：H06
制定机关：国家防灾减灾救灾委员会办公室、应急管理部
批准机关：国家统计局
批准文号：国统制〔2024〕82号
有效期至：2027年3月

指　标　名　称	计量单位	代码	数量
甲	乙	丙	1
受损新闻出版公共服务机构数量	个	H06001	
受损新闻出版公共服务机构经济损失	万元	H06002	
受损影剧院数量	个	H06003	
受损影剧院经济损失	万元	H06004	
受损农家书屋数量	个	H06005	
受损农家书屋经济损失	万元	H06006	
受损其他新闻出版系统经济损失	万元	H06007	
倒损相关用房面积	平方米	H06008	
倒损相关用房经济损失	万元	H06009	
公共服务（新闻出版系统）经济损失合计	万元	H06010	

单位负责人：　　　　填表人：　　　　报出日期：　　年　月　日

填报说明：

1. 本表适用于新闻出版系统损失统计。

2. 本表统计新闻出版系统的设备设施及相关用房等损失；不含新闻出版系统行政部门、各类行业协会和联合会等损失，此类损失计入《公共服务（社会管理系统）损失统计表》。

3. 相关用房：含在建用房；不含职工住宅用房，此类损失采用《城镇居民住房受损情况统计表》和《农村居民住房受损情况统计表》单独统计；不含土地损失，此类损失计入《资源与环境损失统计表》。倒损面积指建筑面积，按房屋外墙计算。只知道使用面积的，

可用公式换算：使用面积（包括扩建的使用面积）÷0.7=建筑面积。

逻辑关系：

H06010 = H06002 + H06004 + H06006 + H06007。

（二十二）公共服务（体育）损失统计表

________省（自治区、直辖市）
________市（自治州、盟、地区）
________县（市、区、自治县、旗、自治旗、特区、林区）
行政区划代码：
填报单位（盖章）：　　　　20　年　月

表　　号：H07
制定机关：国家防灾减灾救灾委员会办公室、应急管理部
批准机关：国家统计局
批准文号：国统制〔2024〕82号
有效期至：2027年3月

指　标　名　称	计量单位	代码	数量
甲	乙	丙	1
一、体育机构	—	—	
受损体育运动学校数量	个	H07001	
受损体育训练基地数量	个	H07002	
受损体育机构经济损失	万元	H07003	
受损体育机构数量小计	个	H07004	
二、体育场地	—	—	
受损体育场地数量	个	H07005	
受损体育场地经济损失	万元	H07006	
三、体育器材	—	—	
受损体育器材数量	个	H07007	
受损体育器材经济损失	万元	H07008	
四、体育建筑	—	—	
（一）体育场	—	—	
受损体育场数量	个	H07009	
受损体育场观众座席	座	H07010	
受损体育场经济损失	万元	H07011	
（二）体育馆	—	—	
受损体育馆数量	个	H07012	

（续）

指　标　名　称	计量单位	代码	数量
甲	乙	丙	1
受损体育馆观众座席	座	H07013	
受损体育馆经济损失	万元	H07014	
（三）游泳馆	—	—	
受损游泳馆数量	个	H07015	
受损游泳馆观众座席	座	H07016	
受损游泳馆经济损失	万元	H07017	
受损体育场馆数量小计	个	H07018	
受损体育场馆观众座席数量小计	座	H07019	
受损体育场馆经济损失小计	万元	H07020	
五、相关用房	—	—	
倒损相关用房面积	平方米	H07021	
倒损相关用房经济损失	万元	H07022	
六、受损公共服务（体育）经济损失合计	万元	H07023	

单位负责人：　　　　填表人：　　　　报出日期：　　年　月　日

填报说明：

1. 本表适用于体育系统损失统计。

2. 本表统计体育系统的各类场馆（场地）的设备设施及相关用房等损失；不含体育系统行政部门、各类行业协会和联合会等损失，此类损失计入《公共服务（社会管理系统）损失统计表》。

3. 相关用房：含在建用房；不含职工住宅用房，此类损失采用《城镇居民住房受损情况统计表》和《农村居民住房受损情况统计表》单独统计；不含土地损失，此类损失计入《资源与环境损失统计表》。倒损面积指建筑面积，按房屋外墙计算。只知道使用面积的，可用公式换算：使用面积(包括扩建的使用面积）÷0.7＝建筑面积。

主要指标说明：

体育场馆：不包括各类学校内的体育场馆。

逻辑关系：

1. H07004＝H07001＋H07002。

2. H07018 = H07009 + H07012 + H07015。

3. H07019 = H07010 + H07013 + H07016。

4. H07020 = H07011 + H07014 + H07017。

5. H07023 = H07003 + H07006 + H07008 + H07020。

（二十三）公共服务（社会保障与社会服务系统）损失统计表

________省（自治区、直辖市）
________市（自治州、盟、地区）
________县（市、区、自治县、旗、自治旗、特区、林区）
行政区划代码：
填报单位（盖章）：　　　　20　年　月

表　　号：H08
制定机关：国家防灾减灾救灾委员会办公室、应急管理部
批准机关：国家统计局
批准文号：国统制〔2024〕82号
有效期至：2027年3月

指　标　名　称	计量单位	代码	数量
甲	乙	丙	1
一、社会保障系统	—	—	
受损县级及以上社会保障服务机构数量	个	H08001	
受损县级及以上社会保障服务机构经济损失	万元	H08002	
受损乡（镇、街道）社会（劳动）保障事务所数量	个	H08003	
受损乡（镇、街道）社会（劳动）保障事务所经济损失	万元	H08004	
受损社区（村）社会（劳动）保障工作站数量	个	H08005	
受损社区（村）社会（劳动）保障工作站经济损失	万元	H08006	
社会保障系统经济损失小计	万元	H08007	
二、社会服务系统	—	—	
受损县级及以上养老服务机构数量	个	H08008	
受损县级及以上养老服务机构经济损失	万元	H08009	
受损县级以下养老服务机构数量	个	H08010	
受损县级以下养老服务机构经济损失	万元	H08011	
受损县级及以上优抚安置服务机构数量	个	H08012	
受损县级及以上优抚安置服务机构经济损失	万元	H08013	
受损县级以下优抚安置服务机构数量	个	H08014	

（续）

指　标　名　称	计量单位	代码	数量
甲	乙	丙	1
受损县级以下优抚安置服务机构经济损失	万元	H08015	
受损县级及以上社会福利服务机构数量	个	H08016	
受损县级及以上社会福利服务机构经济损失	万元	H08017	
受损县级以下社会福利服务机构数量	个	H08018	
受损县级以下社会福利服务机构经济损失	万元	H08019	
受损县级及以上城乡社区服务机构数量	个	H08020	
受损县级及以上城乡社区服务机构经济损失	万元	H08021	
受损县级以下城乡社区服务机构数量	个	H08022	
受损县级以下城乡社区服务机构经济损失	万元	H08023	
受损县级及以上社会救助服务机构数量	个	H08024	
受损县级及以上社会救助服务机构经济损失	万元	H08025	
受损县级以下社会救助服务机构数量	个	H08026	
受损县级以下社会救助服务机构经济损失	万元	H08027	
受损县级及以上防灾减灾救灾服务机构数量	个	H08028	
受损县级及以上防灾减灾救灾服务机构经济损失	万元	H08029	
受损县级以下防灾减灾救灾服务机构数量	个	H08030	
受损县级以下防灾减灾救灾服务机构经济损失	万元	H08031	
受损其他社会服务机构数量	个	H08032	
受损其他社会服务系统经济损失	万元	H08033	
社会服务系统经济损失小计	万元	H08034	
三、相关用房	—	—	
倒损相关用房面积	平方米	H08035	
倒损相关用房经济损失	万元	H08036	
四、公共服务（社会保障与社会服务系统）经济损失合计	万元	H08037	

单位负责人：　　　　填表人：　　　　报出日期：　　年　月　日

填报说明：

1. 本表适用于社会保障与社会服务系统损失统计。

2. 本表统计社会保障与社会服务系统的设备设施及相关用房等损失；不含社会保障与社会服务系统行政部门、各类行业协会和联合会等损失，此类损失计入《公共服务（社会管理系统）损失统计表》。

3. 相关用房：含在建用房；不含职工住宅用房，此类损失采用《城镇居民住房受损情况统计表》和《农村居民住房受损情况统计表》单独统计；不含土地损失，此类损失计入《资源与环境损失统计表》。倒损面积指建筑面积，按房屋外墙计算。只知道使用面积的，可用公式换算：使用面积(包括扩建的使用面积) ÷0.7 = 建筑面积。

主要指标说明：

1. 社会保障服务机构：不以盈利为目的的公益性社会保障机构，包括综合性服务机构、社会保险和社会救济经办机构、保障安置等机构。

2. 社会服务机构：以养老服务、优抚安置服务、社会福利服务、城乡社区服务、社会救助服务、防灾减灾救灾服务为主要内容，旨在保障和改善人民群众尤其是困难群体基本生活需求的服务机构。其中：①养老服务机构指为所有老年人提供基本生活照料、康复护理、精神关爱、参与社会等服务的机构，主要包括社会福利院、敬老院、老年护理院、老年公寓等；②优抚安置服务机构指为军队离退休干部、军队无军籍退休退职职工、孤老病残等优抚对象提供安置管理、集中供养等服务的机构（包括优抚医院、光荣院、军供站、军休所），以及经批准修建的烈士纪念设施等；③社会福利服务机构指为孤儿生活提供养育服务，为服刑人员子女、农村留守儿童、受艾滋病影响儿童等特殊困境儿童提供关爱服务，为残疾人提供基本生活照料、护理康复、就业发展等保障服务的机构，主要包括儿童福利院、精神病人福利院以及县级综合社会福利中心等；④城乡社区服务机构指为城乡社区提供社会救助、社会福利、社区减灾、社区养老、就业指导、社会保险、医疗卫生、计划生育、文体教育、社区安全、法律服务、农资农技等各类服务的机构，主要包括城乡社区服务站点、街道乡镇社区服务中心、区县社区服务指导中心、城乡社区公共服务综合信息平台等；⑤社会救助服务机构指为困难群体提供最低生活保障、医疗救助、临时救助、流浪乞讨人员救助等基本生活保障服务的机构，主要包括居民家庭经济状况核对中心、城市流浪救助站、流浪未成年人保护中心、生活无着人员救助管理站等；⑥防灾减灾救灾服务机构指为人民群众提供备灾服务、减灾服务、捐赠接收服务和为受灾群众提供生活救助服务的机构，主要包括救灾物资储备库、应急避难场所等；⑦其他社会服务机构指提供社会组织服务、婚姻登记服务、殡葬服务、地名服务等社会服务的机构，主要包括婚姻登记服务设施、地名公共服务设施、社会组织服务设施、殡仪馆、公益性公墓（骨灰安放设施）、福利彩票发行机构等。

逻辑关系：

1. H08007 = H08002 + H08004 + H08006。

2. H08034 = H08009 + H08011 + H08013 + H08015 + H08017 + H08019 + H08021 + H08023 + H08025 + H08027 + H08029 + H08031 + H08033。

3. H08037 = H08007 + H08034。

（二十四）公共服务（公安系统和国家综合性消防救援队伍）损失统计表

________省（自治区、直辖市）
________市（自治州、盟、地区）
________县（市、区、自治县、旗、自治旗、特区、林区）
行政区划代码：
填报单位（盖章）：　　　　20　年　月

表　　号：H09
制定机关：国家防灾减灾救灾委员会办公室、应急管理部
批准机关：国家统计局
批准文号：国统制〔2024〕82号
有效期至：2027年3月

指　标　名　称	计量单位	代码	数量
甲	乙	丙	1
一、公安系统	—	—	
受损公安派出所数量	个	H09001	
受损公安派出所经济损失	万元	H09002	
受损监管场所数量	个	H09003	
受损监管场所损失	万元	H09004	
受损公安检查站数量	个	H09005	
受损公安检查站经济损失	万元	H09006	
受损社区警务室数量	个	H09007	
受损社区警务室经济损失	万元	H09008	
公安系统经济损失小计	万元	H09009	
二、国家综合性消防救援队伍	—	—	
受损消防救援站	个	H09010	
受损消防救援站损失	万元	H09011	
受损消防救援大队	个	H09012	
受损消防救援大队损失	万元	H09013	
受损消防救援支队	个	H09014	
受损消防救援支队损失	万元	H09015	
受损森林消防中队	个	H09016	

（续）

指　标　名　称	计量单位	代码	数量
甲	乙	丙	1
受损森林消防中队损失	万元	H09017	
受损森林消防大队	个	H09018	
受损森林消防大队损失	万元	H09019	
受损森林消防支队	个	H09020	
受损森林消防支队损失	万元	H09021	
受损森林消防机动队伍	个	H09022	
受损森林消防机动队伍损失	万元	H09023	
国家综合性消防救援队伍经济损失小计	万元	H09024	
三、相关用房	—	—	
倒损相关用房面积	平方米	H08025	
倒损相关用房经济损失	万元	H08026	
四、公共服务（公安系统和国家综合性消防救援队伍）经济损失合计	万元	H09027	

单位负责人：　　　　填表人：　　　　报出日期：　　年　月　日

填报说明：

1. 本表适用于公安系统和国家综合性消防救援队伍损失统计。
2. 本表统计公安系统和国家综合性消防救援队伍的设备设施及相关用房等损失。
3. 相关用房：含在建用房；不含职工住宅用房，此类损失采用《城镇居民住房受损情况统计表》和《农村居民住房受损情况统计表》单独统计；不含土地损失，此类损失计入《资源与环境损失统计表》。倒损面积指建筑面积，按房屋外墙计算。只知道使用面积的，可用公式换算：使用面积（包括扩建的使用面积）÷0.7＝建筑面积。

逻辑关系：

1. H09009＝H09002＋H09004＋H09006＋H09008。
2. H09024＝H09011＋H09013＋H09015＋H09017＋H09019＋H09021＋H09023。
3. H09027＝H09009＋H09024。

（二十五）公共服务（社会管理系统）损失统计表

________省（自治区、直辖市）
________市（自治州、盟、地区）
________县（市、区、自治县、旗、自治旗、特区、林区）
行政区划代码：
填报单位（盖章）：　　　　20　年　月

表　　号：H10
制定机关：国家防灾减灾救灾委员会办公室、应急管理部
批准机关：国家统计局
批准文号：国统制〔2024〕82 号
有效期至：2027 年 3 月

指　标　名　称	计量单位	代码	数量
甲	乙	丙	1
受损党政机关数量	个	H10001	
受损党政机关经济损失	万元	H10002	
受损群众团体、社会团体和其他成员组织数量	个	H10003	
受损群众团体、社会团体和其他成员组织经济损失	万元	H10004	
受损基层群众自治组织数量	个	H10005	
受损基层群众自治组织经济损失	万元	H10006	
受损国际组织数量	个	H10007	
受损国际组织经济损失	万元	H10008	
受损其他社会管理系统经济损失	万元	H10009	
倒损相关用房面积	平方米	H10010	
倒损相关用房经济损失	万元	H10011	
公共服务（社会管理系统）经济损失合计	万元	H10012	

单位负责人：　　　　填表人：　　　　报出日期：　　年　月　日

填报说明：

1. 本表适用于社会管理系统损失统计。

2. 本表统计社会管理系统的设备设施及相关用房等损失；不含社会管理系统中主要从事研究与试验发展、专业技术服务的相关机构损失，此类损失计入《公共服务（科技系统）损失统计表》。

3. 相关用房：含在建用房；不含职工住宅用房，此类损失采用《城镇居民住房受损情

况统计表》和《农村居民住房受损情况统计表》单独统计；不含土地损失，此类损失计入《资源与环境损失统计表》。倒损面积指建筑面积，按房屋外墙计算。只知道使用面积的，可用公式换算：使用面积(包括扩建的使用面积）÷0.7 = 建筑面积。

主要指标说明：

1. 党政机关：包括中国共产党机关，国家机构，人民政协、民主党派等。其中，国家机构包括国家权力机构、国家行政机构、人民法院和人民检察院等。

2. 群众团体、社会团体和其他成员组织：群众团体包括工会、妇联、共青团等，社会团体包括专业性团体、行业性团体等，其他成员组织包括基金会、宗教组织等。

3. 基层群众自治组织：包括社区居民自治组织、村民自治组织等。

4. 国际组织：联合国和其他国际组织驻我国境内机构。

逻辑关系：

H10012 = H10002 + H10004 + H10006 + H10008 + H10009。

（二十六）公共服务（文化遗产）损失统计表

______省（自治区、直辖市）
______市（自治州、盟、地区）
______县（市、区、自治县、旗、自治旗、特区、林区）
行政区划代码：
填报单位（盖章）：　　　　20　年　月

表　　号：H11
制定机关：国家防灾减灾救灾委员会办公室、应急管理部
批准机关：国家统计局
批准文号：国统制〔2024〕82号
有效期至：2027年3月

指　标　名　称	计量单位	代码	数量
甲	乙	丙	1
一、物质文化遗产	—	—	
（一）不可移动文物	—	—	
受损全国重点文物保护单位数量	处	H11001	
受损省级重点文物保护单位数量	处	H11002	
受损市县级重点文物保护单位数量	处	H11003	
受损世界文化遗产数量	处	H11004	
受损尚未核定公布为文物保护单位的不可移动文物数量	处	H11005	
（二）可移动文物	—	—	
受损珍贵文物数量	件套	H11006	
受损一般文物数量	件套	H11007	
（三）历史文化名城、名镇、名村、传统村落	—	—	
受损名城（含历史街区）数量	处	H11008	
受损名镇数量	处	H11009	
受损名村数量	处	H11010	
受损中国传统村落数量	处	H11011	
二、非物质文化遗产	—	—	
受损非物质文化遗产数量	处	H11012	

单位负责人：　　　　填表人：　　　　报出日期：　　年　月　日

填报说明：

本表适用于文化遗产实物量损失统计。

（二十七）资源与环境损失统计表

________省（自治区、直辖市）
________市（自治州、盟、地区）
________县（市、区、自治县、旗、自治旗、特区、林区）
行政区划代码：
填报单位（盖章）：　　　　20　年　月

表　　号：I01
制定机关：国家防灾减灾救灾委员会办公室、应急管理部
批准机关：国家统计局
批准文号：国统制〔2024〕82号
有效期至：2027年3月

指　标　名　称	计量单位	代码	数量
甲	乙	丙	1
一、土地资源与矿山	—	—	
毁坏耕地面积	公顷	I01001	
毁坏林地面积	公顷	I01002	
毁坏草地面积	公顷	I01003	
毁坏非煤矿山资源数量	处	I01004	
毁坏非煤矿山资源面积	万平方米	I01005	
二、自然保护地及野生动物保护	—	—	
受损国家级自然保护地数量	个	I01006	
受损地方级自然保护地数量	个	I01007	
野生动物伤亡数量	头只	I01008	
其中：国家重点保护野生动物伤亡数量	头只	I01009	
三、环境损害	—	—	
地表水污染面积	公顷	I01010	
土壤污染面积	公顷	I01011	

单位负责人：　　　　填表人：　　　　报出日期：　　年　月　日

填报说明：

1. 本表适用于资源与环境系统损毁实物量统计，不统计经济损失。

2. 毁坏草地面积：不包括《基础设施（市政）损失统计表》中的“受损城市绿地面积”。

主要指标说明：

1. 自然保护地：按照自然属性、生态价值和保护强度高低依次分为国家公园、自然保护区和自然公园三种类别。不包括文物保护区。

2. 环境损害：自然灾害对影响区域自然资源和环境本身及其生态环境服务功能造成的损害。地表水污染面积、土壤污染面积是指因特别重大自然灾害次生的环境污染导致的地表水、土壤的污染面积。

逻辑关系：

I01008≥I01009。

（二十八）基础指标统计表

________省（自治区、直辖市）
________市（自治州、盟、地区）
________县（市、区、自治县、旗、自治旗、特区、林区）
行政区划代码：
填报单位（盖章）：　　　　20　年　月

表　　号：J01
制定机关：国家防灾减灾救灾委员会办公室、应急管理部
批准机关：国家统计局
批准文号：国统制〔2024〕82号
有效期至：2027年3月

指标名称	计量单位	代码	数量
甲	乙	丙	1
一、人口	—	—	
总人口	人	J01001	
城镇人口	人	J01002	
农村人口	人	J01003	
女性人口	人	J01004	
18岁以下人口	人	J01005	
60岁及以上人口	人	J01006	
总户数	户	J01007	
城镇户数	户	J01008	
二、房屋	—	—	
农村居民家庭住房间数	间/人	J01009	
农村居民家庭住房结构：钢结构	间/人	J01010	
农村居民家庭住房结构：钢筋混凝土结构	间/人	J01011	
农村居民家庭住房结构：砌体结构	间/人	J01012	
农村居民家庭住房结构：木（竹）结构	间/人	J01013	
农村居民家庭住房结构：其他结构	间/人	J01014	
农村居民家庭住房价值	元/间	J01015	
城镇居民家庭住房面积	平方米/人	J01016	
城镇居民家庭住房结构：钢结构	平方米/人	J01017	

（续）

指　标　名　称	计量单位	代码	数量
甲	乙	丙	1
城镇居民家庭住房结构：钢筋混凝土结构	平方米/人	J01018	
城镇居民家庭住房结构：砌体结构	平方米/人	J01019	
城镇居民家庭住房结构：木（竹）结构	平方米/人	J01020	
城镇居民家庭住房结构：其他结构	平方米/人	J01021	
城镇居民家庭住房价值	元/平方米	J01022	
三、农业	—	—	
常用耕地面积	公顷	J01023	
粮食单位面积产量	千克/公顷	J01024	
大牲畜数量	头只	J01025	
水产品产量	吨	J01026	
主要农业机械拥有量	台	J01027	
农林牧渔业产值	万元	J01028	
四、工业	—	—	
规模以上工业：企业单位数	个	J01029	
规模以上工业：工业总产值	万元	J01030	
规模以上工业：资产总计	万元	J01031	
规模以上工业：固定资产净值	万元	J01032	
规模以上工业：全部从业人员年平均人数	人	J01033	
规模以下工业：资产总计	万元	J01034	
规模以下工业：固定资产净值	万元	J01035	
规模以下工业：全部从业人员年平均人数	人	J01036	
五、服务业	—	—	
第三产业增加值	亿元	J01037	
批发和零售业资产总计	亿元	J01038	
住宿和餐饮业资产总计	亿元	J01039	

（续）

指　标　名　称	计量单位	代码	数量
甲	乙	丙	1
金融业资产总计	亿元	J01040	
房地产业资产总计	亿元	J01041	
其他产业资产总计	亿元	J01042	
六、教育和科技	—	—	
教育经费	万元	J01043	
高等教育学校数量	个	J01044	
高等教育学校教职工数量	人	J01045	
高等教育学校在校学生数量	人	J01046	
中等教育学校数量	个	J01047	
中等教育学校教职工数量	人	J01048	
中等教育学校在校学生数量	人	J01049	
初等教育学校数量	个	J01050	
初等教育学校教职工数量	人	J01051	
初等教育学校在校学生数量	人	J01052	
学前教育机构数量	个	J01053	
学前教育机构教职工数量	人	J01054	
学前教育机构在校学生数量	人	J01055	
特殊教育学校数量	个	J01056	
特殊教育学校教职工数量	人	J01057	
特殊教育学校在校学生数量	人	J01058	
研究与实验发展人员数量	人	J01059	
研究与实验发展经费	万元	J01060	
七、卫生和社会服务	—	—	
卫生机构数量	个	J01061	
卫生人员与卫生技术人员总数	人	J01062	

（续）

指　标　名　称	计量单位	代码	数量
甲	乙	丙	1
医疗卫生机构床位数	张	J01063	
社会服务机构床位数	张	J01064	
八、文化和体育	—	—	
文化机构（博物馆、图书馆、文化馆等）数量	个	J01065	
广电技术台站（机）数量	座/部	J01066	
体育场馆数量	个	J01067	
体育训练基地数量	个	J01068	
不可移动文物数量	处	J01069	
九、基础设施	—	—	
公路里程	千米	J01070	
高速公路里程	千米	J01071	
公路客运量	万人	J01072	
公路货运量	万吨	J01073	
铁路营业里程	千米	J01074	
铁路客运量	万人	J01075	
铁路货运量	万吨	J01076	
内河航道里程	千米	J01077	
民航航线里程	千米	J01078	
电信业务总量	亿元	J01079	
邮政业务总量	亿元	J01080	
电力装机容量	万千瓦	J01081	
电力生产量	亿千瓦时	J01082	
电力消费量	亿千瓦时	J01083	
石油可供量	万吨	J01084	
石油消费量	万吨	J01085	

（续）

指　标　名　称	计量单位	代码	数量
甲	乙	丙	1
煤炭可供量	万吨	J01086	
煤炭生产量	万吨	J01087	
煤炭消费量	万吨	J01088	
天然气可供量	亿立方米	J01089	
天然气生产量	亿立方米	J01090	
天然气消费量	亿立方米	J01091	
煤层气可供量	亿立方米	J01092	
煤层气生产量	亿立方米	J01093	
煤层气消费量	亿立方米	J01094	
水库数	座	J01095	
水库总容量	万立方米	J01096	
除涝面积	公顷	J01097	
堤防保护面积	公顷	J01098	
灌区有效灌溉面积	公顷	J01099	
年末运营公交车量	辆	J01100	
城市道路长度	千米	J01101	
城市供热总量	万吉焦	J01102	
城市供热管道长度	千米	J01103	
城市供水综合生产能力	万立方米/日	J01104	
城市排水管道长度	千米	J01105	
城市污水日处理能力	万立方米	J01106	
城市生活垃圾日处理能力	吨/日	J01107	
城市绿化面积	公顷	J01108	

单位负责人：　　　　填表人：　　　　报出日期：　　年　月　日

填报说明：

1. 本表主要反映受灾县（市、区）的基本情况，主要包括人口、房屋、农业、工业、服务业、教育和科技、卫生和社会服务、文化和体育、基础设施等情况。本表数据来源须为灾区统计部门或者各级调查队提供的统计数据，并保证数据来源的权威性；灾区政府填报本表时应当附重要指标数据来源说明文档。

2. 本表中各类基础数据的统计标准时点一般为报表填报时点的上一年年末数据，如无上一年年末数据，请标注数据的具体年份。

主要指标说明：

1. 住房价值：住户期末居住的房屋当初购买或者新建时的价值。

2. 常用耕地面积：耕地总资源中专门种植农作物并经常进行耕种、能够正常收获的土地。包括当年实际耕种的熟地；弃耕、休闲不满三年，随时可以复耕的地；开荒利用三年以上的土地。在统计口径上包括南方小于 1 米、北方小于 2 米宽的沟、渠、路和田埂；不包括临时种植农作物的坡度在 25 度以上的坡耕地，在河套、湖畔、库区临时开发的成片或者零星土地，处于国家和省（自治区、直辖市）退耕计划内但临时耕种的土地。

3. 工业总产值：工业企业在报告期内生产的以货币形式表现的工业最终产品和提供工业劳务活动的总价值量。

4. 工业资产总计：企业拥有或者控制的能以货币计量的经济资源，包括各种财产、债权和其他权利。资产按流动性分为流动资产、长期投资、固定资产、无形资产、递延资产和其他资产。

5. 工业固定资产净值：固定资产原价减去历年已提折旧额后的净额。

6. 从业人员年平均人数：报告期内每天拥有的从业人员人数。其计算公式为：年平均人数 = 年内各月平均人数之和 ÷ 12；月平均人数 = 报告期内每天实有人数之和 ÷ 报告月日历日数。

7. 教职工数：在学校（机构）工作并由学校（机构）支付工资的教职工人数，包括校本部教职工、科研机构人员、校办企业职工、其他附设机构人员，含民办学校。

8. 在校学生数量：学年开学以后，在校且具有学籍的学生总数，包括留级生，不包括复读生和补习生，含民办学校。

9. 卫生人员：在医疗、预防保健、医学科研和在职教育等卫生机构工作的职工，包括卫生技术人员、其他技术人员、管理人员和工勤人员。

10. 卫生技术人员：包括执业医师、注册护士、药师、检验和影像人员等卫生专业人员，不包括从事管理工作的卫生技术人员。

11. 公路里程：在一定时期内实际达到《公路工程技术标准》（JTG B01—2014）规定的技术等级，并经公路主管部门正式验收交付使用的公路的里程数。

12. 高速公路：专供汽车分向、分车道行驶，全部控制出入的多车道公路。

13. 货运量：年内以质量单位（吨）计算的各种运输工具实际完成运输过程的货物数量，包括铁路货运量、公路货运量、水运货运量、民航货邮运量和管道运输量。

14. 客运量：分别按各类运输方式实际运送的旅客人数。

15. 公路客（货）运量：统计范围为在公路运输管理部门注册登记从事公路运输的营业性载客汽车和营业性货运车辆一定时期内实际运送的旅客（货物）数量。

16. 内河航道里程：在一定时期内，能通航运输船舶及排筏的天然河流、湖泊水库及通航渠道的长度。

17. 民航航线里程：统计期间内全部民用航空航线的总长度。计算航线里程可按重复和不重复两种方法，前者是指各航线长度相加的总和，后者则要扣除各航线之间相同航段重复计算的部分。

18. 铁路营业里程：又称营业长度（包括正式营业里程和临时营业里程），指办理客货运输业的铁路正线总长度。

19. 铁路客运量：一定时期内使用铁路客车运送的旅客人数。计算方法：不论票价多少或者行程长短，均按单程计算为一人次，不足购票年龄免购客票的儿童不计算运量；月票、季票每月按往返各 21 人次计算。

20. 铁路货运量：铁路货车实际运送的货物数量。

21. 邮政（电信）业务总量：以价值量形式表现的邮政（电信）企业为社会提供各类邮政（电信）服务的总数量。

22. 灌区有效灌溉面积：具有一定的水源，地块比较平整，灌溉工程或者设备已经配套，在一般年景下能够正常灌溉的耕地面积。在一般情况下，有效灌溉面积应当等于灌溉工程或者设备已经配备，能够进行正常灌溉的水田和水浇地面积之和。

23. 城市排水管道长度：排水道是指汇集和排放污水、废水和雨水的管渠及其附属设施所组成的系统。包括干管、支管以及通往处理厂的管道，无论建在街道上还是其他任何地方，只要是起排水作用的管道，都应当作排水管道统计。

24. 城市绿化面积：报告期末用作园林和绿化的各种绿地面积。包括公园绿地、生产绿地、防护绿地、附属绿地和其他绿地的面积。

逻辑关系：

1. J01001 = J01002 + J01003；J01001 ＞ J01004；J01001 ＞ J01005；J01001 ＞ J01006；J01007≥J01008。

2. J01070≥J01071。

四、附　　录

（一）灾害种类术语解释

1. 洪涝灾害：指因降雨、降融雪、冰凌、溃坝（堤）、风暴潮等引发江河洪水、渍涝、山洪等，以及由其引发次生灾害，对生命财产、社会功能等造成损害的自然灾害。包括江河洪水、山洪、冰凌洪水、融雪洪水、城镇内涝等二级灾种。

江河洪水灾害：指因暴雨或者堤坝决口溃口、上游行洪泄洪等引起江河水量迅增、水位急涨的洪水，并造成生命财产损失的自然灾害。

山洪灾害：指山丘区由降雨诱发的急涨急落的溪河沟道洪水，并造成生命财产损失的自然灾害。山洪中泥沙石等固体物质含量较少，因灾遇难人员多呈溺亡特征，建（构）筑物受损以冲刷与淹没为主。

冰凌洪水灾害：指由于冰凌阻塞形成冰塞或者冰坝拦截上游来水，导致上游水位壅高，当冰塞溶解或者冰坝崩溃时槽蓄水量迅速下泄形成洪水，并造成生命财产损失的自然灾害。

融雪洪水灾害：指形成由冰融水和积雪融水为主要补给来源的洪水，并造成生命财产损失的自然灾害。

城镇内涝灾害：指由于强降水或者连续性降水、海水倒灌超过城镇排水能力致使城镇内产生积水，并造成生命财产损失的自然灾害。

2. 干旱灾害：指一个地区在比较长的时间内降水异常偏少，河流、湖泊等淡水资源总量减少，对城乡居民生活、工农业生产造成直接影响和损失的自然灾害。

3. 台风灾害：指热带或者副热带海洋上生成的气旋性涡旋大范围活动，伴随大风、暴雨、风暴潮、巨浪等，以及由其引发次生灾害，对生命财产、社会功能等造成损害的自然灾害。台风编号采用中国气象局公告的台风编号填写。

4. 风雹灾害：指强对流天气引起大风、冰雹、龙卷风、雷电等，以及由其引发次生灾害，对生命财产、社会功能等造成损害的自然灾害。包括大风、冰雹、龙卷风、雷电等二级灾种。

大风灾害：指因冷锋、雷暴、飑线和气旋等天气系统导致近地面层平均或者瞬时风速达到一定速度或者风力的风，造成生命财产损失的自然灾害。

冰雹灾害：指强对流天气控制下，从雷雨云中降落的冰雹，对生命财产和农业生产造成损害的自然灾害。

龙卷风灾害：指在强烈的不稳定的天气状况下由空气对流运动导致强烈的、小范围的空气涡旋，造成生命财产损失的自然灾害。

雷电灾害：指因雷雨云中的电能释放，直接击中人体、牲畜、建（构）筑物、基础设施等，以及因雷电直接引发的建（构）筑物火灾等，造成生命财产损失的自然灾害。

5. 低温冷冻灾害：指气温降低至影响作物正常生长发育，造成作物减产绝收，或者因低温雨雪造成结冰凝冻，致使电网、交通、通信等设施设备损坏或者阻断，影响正常生产生活的自然灾害。

6. 雪灾：指因降雪形成大范围积雪，严重影响人畜生存，以及因降大雪造成交通中断，毁坏通信、输电等设施的自然灾害。

7. 沙尘暴灾害：指强风将地面尘沙吹起使空气浑浊，水平能见度小于 1 千米，对生命财产造成损害的自然灾害。

8. 地震灾害：指地壳快速释放能量过程中造成强烈地面震动及伴生的地面裂缝和变形，造成建（构）筑物倒塌和损坏，设备和设施毁坏，交通、通信中断和其他生命线工程设施等被破坏，以及由此引起火灾、爆炸、瘟疫、有毒物质泄漏、放射性污染、场地破坏等，对生命财产、社会功能和生态环境等造成损害的自然灾害。地震震级采用中国地震局公告的地震震级填写。

9. 地质灾害：因自然因素引发的危害生命财产安全且与地质作用有关的灾害。包括崩塌、滑坡、泥石流、地面塌陷、地裂缝、地面沉降等二级灾种。

崩塌灾害：指较陡斜坡上的岩土体在重力作用下突然脱离山体崩落、滚动、撞击，造成生命财产损失的自然灾害。

滑坡灾害：指斜坡上的岩土体由于自然原因，在重力作用下沿一定的软弱面整体向下滑动，造成生命财产损失的自然灾害。

泥石流灾害：指山区沟谷中或者坡面上，由于暴雨、冰雹、融水等水源激发的、含有大量泥沙石块的混合流，造成生命财产损失的自然灾害。泥石流中泥沙石等固体物质含量较多，因灾遇难人员多呈淤埋或者重压窒息死亡特征，建（构）筑物受损以冲击与淤埋为主。

地面塌陷灾害：指地表岩体或者土体受自然作用影响，向下陷落并在地面形成凹陷、坑洞，造成生命财产损失的自然灾害。

地裂缝灾害：指在一定自然地质环境下，由于自然因素导致地表岩土体开裂，在地面形成一定长度和宽度裂缝，造成生命财产损失的自然灾害。

地面沉降灾害：因自然因素引发地壳表层松散土层压缩并导致地面标高降低，造成生命财产损失的自然灾害。

10. 海洋灾害：指海洋自然环境发生异常或者激烈变化，在海上或者海岸发生，造成生命财产损失的自然灾害。包括风暴潮、海浪、海冰、海啸等二级灾种。

风暴潮灾害：指由台风、温带气旋、强冷空气等强烈天气系统引起的海面异常升高造成生命财产损失的自然灾害。

海浪灾害：指由风引起的海面波动产生海浪作用，造成生命财产损失的自然灾害。通常，有效波高达 4 米以上的海浪称为灾害性海浪。

海冰灾害：指由海冰引起的影响到人类在海岸和海上活动和设施安全，造成生命财产损失的自然灾害。

海啸灾害：指由水下地震、火山爆发或者水下塌陷和滑坡激起巨浪，造成生命财产损失的灾害。

11. 森林草原火灾：指失去人为控制，在森林内和草原上自由蔓延和扩展，对森林草原、生态系统和人类带来一定危害和损失的林草火燃烧现象。

12. 生物灾害：指病、虫、杂草、害鼠等在一定环境下暴发或者流行，严重破坏农作物、森林、草原和畜牧业的灾害，以及因野生动物（不包括动物园饲养管理的动物）活动造成人员伤亡或者农牧业、家庭财产等损失的灾害。

（二）报表与国民经济行业分类基本对应关系

表号	表　名	基本对应的国民经济行业分类
D01	农业损失统计表	农、林、畜、渔业
E01	工业损失统计表	采矿业（不包括煤炭开采和洗选业、石油和天然气开采业），制造业，建筑业
F01	服务业损失统计表	批发和零售业，住宿和餐饮业，金融业，文化、体育和娱乐业中的经营性文化、娱乐业，农林牧渔服务业，交通运输、仓储和邮政业中的装卸搬运和仓储业、运输代理业，信息传输、软件和信息技术服务业房地产业，租赁和商务服务业，居民服务、修理和其他服务业
G01	基础设施（交通运输）损失统计表	交通运输、仓储和邮政业中的铁路运输业、道路运输业、水上运输业、航空运输业
G02	基础设施（通信）损失统计表	信息传输、软件和信息技术服务业中的电信、广播电视和卫星传输服务，交通运输、仓储和邮政业中的邮政业
G03	基础设施（能源）损失统计表	电力、热力、燃气及水生产和供应业中的电力生产和供应业，采矿业中的煤炭开采和洗选业、石油和天然气开采业

（续）

表号	表　名	基本对应的国民经济行业分类
G04	基础设施（水利）损失统计表	水利、环境和公共设施管理业中的水利管理业
G05	基础设施（市政）损失统计表	电力、热力、燃气及水生产和供应业中的燃气生产和供应业、水生产和供应业，水利、环境和公共设施管理业中的公共设施管理业
G06	基础设施（农村地区生活设施）损失统计表	电力、热力、燃气及水生产和供应业中的燃气生产和供应业、水生产和供应业，水利、环境和公共设施管理业中的公共设施管理业
G07	基础设施（地质灾害防治设施）损失统计表	水利、环境和公共设施管理业中的环境治理业
H01	公共服务（教育系统）损失统计表	教育
H02	公共服务（科技系统）损失统计表	科学研究和技术服务业
H03	公共服务（医疗卫生系统）损失统计表	卫生和社会工作中的卫生
H04	公共服务（文化系统）损失统计表	文化、体育和娱乐业中的文化艺术业*
H05	公共服务（广播电视系统）损失统计表	文化、体育和娱乐业中的广播、电视、电影和影视录音制造业
H06	公共服务（新闻出版系统）损失统计表	文化、体育和娱乐业中的新闻和出版业
H07	公共服务（体育）损失统计表	文化、体育和娱乐业中的体育
H08	公共服务（社会保障与社会服务系统）损失统计表	公共管理、社会保障和社会组织中的社会保障，卫生和社会工作中的社会工作
H09	公共服务（公安系统和国家综合性消防救援队伍）损失统计表	公共管理、社会保障和社会组织中的公共安全管理机构、消防管理机构
H10	公共服务（社会管理系统）损失统计表	公共管理、社会保障和社会组织，国际组织

（续）

表号	表　名	基本对应的国民经济行业分类
H11	公共服务（文化遗产）损失统计表	文化、体育和娱乐业中的文化艺术业
I01	资源与环境损失统计表	水利、环境和公共设施管理业中的生态保护和环境治理业

注：* 文化、体育和娱乐业中的公益性部分的损失在公共服务系统损失中统计，经营性部分的损失在服务业损失中统计。

（三）向国家统计局提供的具体统计资料清单

年度、季度、月度灾情汇总数据。

（四）向统计信息共享数据库提供的具体统计资料清单

年度、季度、月度灾情汇总数据。